Kultautos

der 70er und 80er Jahre

Jan Boyd

Kultautos
der 70er und 80er Jahre

ISBN 978-3-8094-3332-3

1. Auflage
© 2014 by Bassermann Verlag, einem Unternehmen der
Verlagsgruppe Random House GmbH, 81673 München

Projektleitung: Dr. Iris Hahner
Konzeption, Layout und Producing: Jung Medienpartner GmbH, Limburg/Lahn
Umschlaggestaltung: Atelier Versen, Bad Aibling

Verlagsgruppe Random House FSC® N001967
Das für dieses Buch verwendete FSC®-zertifizierte Papier *Profimatt* liefert Sappi, Ehingen.

Druck und Bindung: Neografia, Martin

Printed in Slovakia

67424810109

Inhaltsverzeichnis

Einleitung	6
Alfa Romeo	16
Alpine.	22
AMC	24
Aston Martin	25
Audi.	28
Austin.	33
Autobianchi	36
Bentley	38
Bitter	40
BMW	41
Bond	53
Cadillac.	54
Chevrolet	56
Citroën	60
Dacia	67
DAF	68
Daimler.	71
Datsun	72
De Tomaso.	74
DeLorean.	76
Ferrari	77
Fiat	82
Ford	91
Ford (USA)	97
GAZ	99
Honda	102
IFA	104
Innocenti.	106
Intermeccanica	106
Iso Rivolta	108
Jaguar	110
Jensen	114
Lada.	116
Lamborghini	118
Lancia	122
Lotus	127
Maserati	131
Matra.	135
Mazda.	137
Melkus	140
Mercedes-Benz	141
Mercury	150
MG	152
Mini	154
Mitsubishi	156
Monteverdi	157
Morgan.	158
Moskwitsch	159
NSU	161
Opel	164
Panther.	172
Peugeot.	174
Plymouth	178
Pontiac	179
Porsche	181
Reliant	187
Renault	188
Rolls-Royce.	195
Rover	197
Saab.	199
Saporoschez	202
Simca	203
Skoda	205
Steyr-Puch	208
Sunbeam.	209
Talbot	210
Tatra.	212
Toyota	213
Triumph	217
TVR	220
Vauxhall	222
Volkswagen	224
Volvo	233
VW-Porsche	237
Register.	238
Bildquellen.	240

Autos mit Kultstatus

Was ist es, was uns so fasziniert an den schönen alten Autos? Ist es der tadellose und gepflegte Zustand der vierrädrigen Lieblinge, oder der Glanz von Lack und Chrom in ästhetischen Formen? Ist es die Geschwindigkeit, der Fahrkomfort, der Geruch von Motorenöl oder die bestechende Technik? Oder sind es doch eher die romantisch verklärten Erinnerungen an schöne vergangene Zeiten? Wahrscheinlich ist es aber die Mischung aus alledem, was uns ins Schwärmen geraten lässt.

Dabei stört es uns nicht, wenn das Auto nicht den neuesten Abgasnormen entspricht und die Lautstärke des Motors eine ungestörte Konversation im Innenraum kaum zulässt. Im Gegenteil, wir

empfinden dies als geradezu erotisch und geraten in Verzückung ob dieser Gerüche und Geräusche.

Doch wie wird ein Auto zum ultimativen Kultfahrzeug? Gestern gab es sie noch massenhaft auf den Straßen, aber heute sind sie vom Aussterben bedroht und werden fast über Nacht zum Objekt der Begierde.

Hier spielt wohl auch die Tatsache eine Rolle, dass wir Menschen geneigt sind, uns gerne an die schönen Erlebnisse früherer Zeiten und die damit verbundenen Gegenstände zu erinnern und uns ein Stück dieser Vergangenheit zu erhalten. Wenn dann noch die Tatsache dazukommt, dass ein solches Stück aus der Vergangenheit auch eine Wertanlage darstellt, ist die Sache klar. Das wollen wir haben, pflegen und bewahren. Sei dies nun ein gepflegtes altes Auto, ein antikes Möbelstück oder eine alte, handbemalte Keramik.

Wenn Männer keinen Blick mehr für Frauen haben, sondern wie hypnotisiert aufs Blechle starren – dann steht vielleicht ein schwarzer Stingray am Straßenrand.

Der Morgan plus 4 – das übersinnliche Vergnügen, Autofahren mit allen Sinnen zu genießen

Ein Auto ist niemals nur ein Gebrauchsgegenstand, sondern immer auch ein Gefühl, ein Lebensgefühl, das Begriffe wie Bewegung und Freiheit sinnlich – im doppelten Wortsinn – erfahrbar macht. Wer diese Emotionen nicht kennt, sollte Tretroller fahren.

Treffen sich zum Beispiel irgendwo ein paar Corvette-Fans (na gut, zugegeben, zu internationalen Pfingsttreffen sind es ein paar mehr), rufen die gleichen Leute, die vor 40 Jahren den Muff von tausend Jahren unter den Talaren ihrer Professoren zu wittern meinten, nun nach der Polizei und wollen am liebsten alles verboten sehen, was nach Benzin riecht.

Die Liebe zum Kultauto lässt sich mit keinem rationalen Argument begründen – und so kann man sehr mutig und fortschrittlich gegen alte „Dreckschleudern" wettern, als wären die paar Hundert Corvettes ein Problem für die Umwelt und nicht die zig Millionen moderner Fahrzeuge. Ein Internet-Blogger, der selbst einmal dem Zauber einer Corvette erlag, gab seinen Lesern einen guten Rat: „Wenn du dir nicht vollkommen sicher bist, dass du keine Corvette haben willst, riskiere niemals eine Probefahrt!" Wer es dennoch tut, wird sein Leben lang den Vettes verfallen sein. Denn die Liebe zu einem Old- oder Youngtimer entsteht nicht aus Berechnung. Genauso wenig wie ein Frau rational erklären kann, warum sie sich in einen Mann verliebt, und ein Mann, warum er diese eine und keine andere Frau so toll findet.

Manchmal ist es Liebe auf den ersten Blick, wenn es bei der Begegnung mit einem Auto sofort funkt. Vielleicht weil man während eines Italienurlaubs das unglaubliche rote Geschoss zum ersten Mal aus der Nähe sah, den Gummi roch, den es beim Anfahren hinterließ und seitdem nur noch von rot lackiertem Blech träumen kann. Vielleicht aber auch, weil man auf einmal in einem Morgan Sportwagen die pure Sinnenlust am Autofahren im ursprünglichen Verstand entdeckte, wo am Lenkrad noch gearbeitet wird und die Bandscheiben jeden Kieselstein auf der Fahrbahn protokollieren.

Der VW Scirocco II – auch für Frauen ein Objekt der Begierde

Sich in ein Auto zu verlieben, ist übrigens kein männliches Privileg. Darüber belehrte mich eine junge Frau, die mir über die Schulter schaute, während ich diesen Text schrieb, und plötzlich in den Korrekturfahnen zu blättern begann, bis sie tatsächlich ihr Auto gefunden hatte – einen Volkswagen Scirocco der zweiten Serie.

„Da war damals eine Schülerin aus der Oberstufe, zwei bis drei Jahre älter als ich, die einen Scirocco fuhr – und die war ja sooo cool! Und das hieß: So ein Auto musste ich auch haben, sobald ich das nötige Kleingeld zusammen hatte." Damit war des Blätterns noch kein Ende. Der Weg durch die Korrekturfahnen führte die junge Frau zurück zum Buchstaben F. „Und wenn es mal für etwas mehr als Kleingeld reicht, dann muss es der hier sein – ein 1968er Ford Mustang, zweite Generation, am liebsten mit vier Augen!"

Was sind Kultautos? In der Regel war schon wenige Monate nach der Erstauslieferung eines Fahrzeuges klar, ob es auf Grund von Beliebtheit und Verkaufszahlen das Potenzial zum Kultauto hatte. Dieses bestätigte sich spätestens dann, wenn sich Fan-Clubs für ein Modell gründeten und die Sammlerpreise ständig anstiegen. So wurden aus Sammlerobjekten Youngtimer und Oldtimer.

Der Begriff Youngtimer wurde Mitte der Siebzigerjahre geprägt. Die Zeitschrift „Automobil- und Motorrad-Chronik", die später mit der Zeitschrift „Motor Klassik" verschmolz, soll ihn – in beziehungsreicher Anspielung an den allgemein verbreiteten Begriff Oldtimer – zum ersten Mal verwendet haben. Schon damals empfahl die Redak-

Ein 1968er Ford Mustang – für manchen das Traumauto schlechthin

Das Oldsmobile 4-4-2 Coupé – die Zahlen standen für Vierfachvergaser, Vierganggetriebe und Doppelauspuff – ein Klassiker aus der Kategorie Muscle Car, wurde mit Unterbrechungen von 1964 bis 1991 produziert.

tion den Opel Diplomat V8 Coupé als künftigen Klassiker. Und seitdem bemühen sich Experten und Fans (die natürlich auch fast alle Experten sind) bei jedem aktuellem Fahrzeugtyp herauszubekommen, welches Klassikerpotenzial in ihm steckt.

Die Grenzen zwischen Youngtimern und Oldtimern sind nicht genau gezogen. In Deutschland gab es bis Ende Februar 2007 eine Verordnung, die 49. Ausnahmeverordnung zur Straßenverkehrszulassungsordnung. Der zufolge galten Fahrzeuge im Alter zwischen zwanzig bis dreißig Jahren als Youngtimer. Das ungefähre Alter eines Youngtimers wird in Deutschland bei 15 Jahren liegen. Doch auch wesentlich ältere Fahrzeuge werden als Youngtimer angesprochen, wenn Sie noch keine typischen Oldtimer-Merkmale aufweisen.

Besonders gilt das für Serienfahrzeuge, die eine außerordentlich lange Bauzeit aufzuweisen haben und deren Grundcharakter auch alle Modellpflegemaßnahmen ohne wesentliche Veränderungen überstand. Man denke an Citroëns 2CV-Ente, an den Käfer von VW oder an den Wartburg 353, der praktisch von 1966 bis 1989 ohne große Veränderungen gebaut wurde. Bei diesen Fahrzeugen ist kaum einzusehen, warum der 1968 gebaute Wagen weniger Youngtimer sein sollte als der 1988 gebaute.

Man unterscheidet inzwischen auch die Youngtimer der ersten Generation – die von etwa 1970 bis 1980 gebauten Fahrzeuge – und die Youngtimer der zweiten Generation – das heißt die nach 1980 gebauten. Die Youngtimer der zweiten Generation sind oft als Gebrauchsfahrzeuge auf den Straßen zu sehen. Meist

Klassifizierung nach Bauzeit der Fahrzeuge		
Class A	*Ancestor:*	vom Beginn der Automobilgeschichte bis 31. Dezember 1904
Class B	*Veteran:*	vom 1. Januar 1905 bis 31. Dezember 1918, in Großbritannien auch *Edwardians* und in Deutschland *Kaiserzeit* genannt
Class C	*Vintage:*	vom 1. Januar 1919 bis 31. Dezember 1930
Class D	*Post Vintage:*	vom 1. Januar 1931 bis 31. Dezember 1945
Class E	*Post War:*	vom 1. Januar 1946 bis 31. Dezember 1960
Class F	in Deutschland gern *Wirtschaftswunder* genannt:	vom 1. Januar 1961 bis 31. Dezember 1970
Class G	*Youngtimer:*	vom 1. Januar 1971 bis zur Erreichung der 30-Jahre-Altersgrenze

Überlebte das Ende der Studebaker Corporation und ist Oldtimer und Youngtimer zugleich, denn er wurde nach 1963 von kleinen Firmen bis weit in die Achtzigerjahre in dreistelligen Stückzahlen hergestellt: Der auffallend gestaltete Studebaker Avanti. Post-Studebaker-Modelle sind beispielsweise an den eckigen Scheinwerfereinfassungen zu erkennen.

sind sie technisch in einem sehr guten Zustand; besonders der Rostschutz hatte sich bei einer Reihe von Fahrzeugen der Achtziger- und frühen Neunzigerjahre stark verbessert.

Die internationalen Verbände wie etwa die FIA (*Fédération Internationale de l'Automobile*) oder die FIVA (*Fédération Internationale des Véhicules Anciens*, praktisch der Dachverband der Oldtimerclubs) und nationalen Automobilclubs wie der AvD verwenden eine bestimmte Klassifizierung, die – mit bestimmten Modifikationen und begrifflichen Abweichungen – allgemein üblich geworden ist.

Platz für eine weitere Klasse, die Class H, wäre in der Abfolge schon noch. Offiziell gibt es sie noch nicht. Aber die Fahr-

zeuge, die eines Tages in diese Klasse einrücken werden! Inoffiziell spricht man von *Klassikern der Zukunft* oder *classics of the future*.

Bei manchen Fahrzeugen – besonders denen amerikanischer Herkunft – darf man sich heute schon manchmal fragen: Warum, zum Henker, braucht man 6 bis 7 Liter Hubraum und 350 PS, um (heute) stinknormale 180 km/h zu erreichen. Gut, die amerikanischen Straßenkreuzer und Straßenschlachtschiffe waren nicht nur länger und breiter als heute übliche Fahrzeuge, sie waren auch manchmal höllisch schwer. Wer also so ein Fahrzeug auf einem hydraulisch betriebenen Doppelparker abstellen will, sollte sich vorher vergewissern, ob sein Liebling das zulässige Höchstgewicht nicht überschreitet.

Aber nicht nur die teuren Edelmarken produzierten Klassiker. Auch ein Hersteller im Osten Deutschlands, das Automobilwerk Eisenach, sonst eher bekannt für sehr alltäglich wirkende Fahrzeuge, schuf mit dem Wartburg 313 Sport einen Roadster, der den Zeitgeist der späten Fünfzigerjahre atmet. Zu dieser Zeit war das Zweitakterprinzip noch nicht so stark veraltet wie dreißig Jahre später, als die Wartburgs noch immer mit der gleichen Motorentechnik fuhren. DKW baute noch munter Zweitakter und auch Saab setzte noch bis 1967 auf Zweitaktmotoren.

Der Eisenacher Chefdesigner Hans Fleischer hatte die Wartburgs der 300er-Serie alle aus einem Guss gezeichnet. Gerade die gestreckte Form des 313 wirkte besonders gelungen. Nur 469 Fahrzeuge wurden gebaut; die Zahl der „Überlebenden", die inzwischen zu begehrten Oldtimern geworden sind, dürfte weitaus geringer sein. Dieses Auto protzt zwar nicht mit PS-Zahlen und Geschwindigkeitsrekorden, dafür überzeugt es durch stilreine Exklusivität.

Und nicht nur die ganz Flachen und die ganz Flotten haben Kultpotenzial. Auch die seit den Siebzigerjahren mehr und mehr in Mode kommenden Geländewagen sind inzwischen in die Jahre gekommen. Was offroad nicht schon längst den Geist aufgegeben hat, bewies offenbar genug Härte, um in die Herzen der Fans eingeschrieben zu werden. Und so fahren nicht nur der Volkswagen Typ 181 – ein Kübel, der eher als Spaßfahrzeug für Strand und sanfte Düne geeignet ist als für wirkliche Geländeaufgaben – und der unverwüstliche, wenn auch schnell rostende Lada Niva in der Schar der Kultautos mit. Jeeps und Jeep-Ableger, Land Rover und Pickups der verschiedensten Marken und Bauarten spielen im Konzert der kultigen Young- und Oldtimer mit. Diese Fahrzeuge haben es aber in der Regel etwas schwerer als Sportwagen und Limousinen, denn sie waren Nutzfahrzeuge und wurden die meiste Zeit ihres automobilen Lebens wie Nutzfahrzeuge behandelt. Das hat Auswirkungen auf ihren Erhaltungszustand. Und der – möglichst originalgetreue oder dem Original nahekommende – Erhaltungszustand ist schließlich eines der wesentlichsten Kriterien, dass einem Fahrzeug in Sammler- und Liebhaberkreisen, aber auch seitens der Behörden der Status eines historischen Kraftfahrzeugs zuerkannt wird.

Als die DDR noch elegante Autos baute, wusste das Hardtop-Coupé des Wartburg Sport 313 zu faszinieren. Jahrzehnte würdigte die Deutsche Post AG das Fahrzeug mit einer Sonderbriefmarke.

Eine Cobra 427 von 1965 auf
der Piste

Nicht nur die Grenzen zwischen Youngtimern und Oldtimern sind fließend, auch die Grenzen zwischen Original und originalgetreuem Nachbau sind nicht immer ganz genau zu bestimmen. Puristen werden dem widersprechen, aber in der Wirklichkeit sind die Repliken begehrter Fahrzeuge mitunter weiter verbreitet als die Originale.

Selbst bei Fahrzeugen, die in namhaften Museen ausgestellt werden, ist nicht immer alles original, was originalgetreu aussieht. Da fehlte schon einmal ein originaler Türgriff, der partout nicht zu beschaffen war – also baute man einen nach. Nur nachempfunden, erwidern die Puristen unter den Historikern, die lieber eine hundertprozentig echte Ruine ausstellen würden als ein sorgfältig und mit noch so viel historischem Sachverstand restauriertes Fahrzeug.

Bei einigen seltenen Fahrzeugen sind Repliken häufiger zu finden als Originale. Der Sportwagen AC Cobra 427 ist so ein Beispiel. Die ersten Originale wurden 1965 gebaut, nachdem der

Rennfahrer Carroll Shelby seit 1962 diesen Rennsportwagen konstruierte und mit einem leistungsstarken Ford-Motor ausstatten ließ. Ursprünglich war das Fahrzeug für Rennen gedacht, wurde aber auch bei vermögenden Nicht-Sportlern so beliebt, dass die vorhandenen Originale – insgesamt wurden 348 Exemplare in Handarbeit gebaut – nicht ausreichten. Heute zählt die AC Cobra 427 zu den beliebtesten Modellen der Replika-Szene. Seit Mitte der Neunzigerjahre lässt Carroll Shelby auch wieder 427er mit originalem 7-Liter-Motor von Ford bauen. Es gibt mittlerweile wohl mehr Repliken als Originale dieses Typs.

In Deutschland sind die sogenannten H-Kennzeichen seit 2007 das äußere Zeichen für ein anerkannt historisches Kraftfahrzeug. Nach der neuen Kfz-Zulassungsverordnung vom 1. März 2007 wird in Deutschland die Kennzeichnung eines „historischen Kraftfahrzeugs vorgenommen, in dem der normalen Zulassungsnummer ein „H" nachgestellt wird. Ein H-Kennzeichen kann erteilt werden, wenn das Fahrzeug nachweislich älter als 30 Jahre ist („Fahrzeuge, die vor mindestens 30 Jahren erstmals in Verkehr gekommen sind", verlangt § 2 Nr. 22 FZV) und eine Überprüfung den zeitgenössisch originalen Bauzustand ergeben hat. Später entstandene Teile von Nachfolgetypen – z.B. stärkere Motoren, die erst später erhältlich waren – sind in der Regel ein Ausschließungsgrund. Eine Zeitlang war nicht mal der nachträglicher Einbau eines Katalysators zulässig, doch hat sich hier mittlerweile eine umweltgerechtere Haltung gegenüber dem historischen Purismus durchgesetzt. Immerhin sind Youngtimer historische Kraftfahrzeuge, die in vielen Fällen tatsächlich noch gefahren und nicht nur auf dem Tieflader von Ausstellung zu Ausstellung transportiert werden.

Außerdem wird ein gepflegter Erhaltungszustand gefordert. Rostlauben haben auf der Zulassungsstelle keine Chance. Aber auch ein überaus gut erhaltener und gepflegter Klassiker kann bei den beamteten Prüfern ungnädig aufgenommen werden, wenn sie der Meinung sind, das Fahrzeug sei einfach zu häufig, so dass kein Interesse an der Erhaltung des historischen Sachzeugnisses bestehe. Möglicherweise wird das Fahrzeugen der Golf-Baureihen geschehen. Schließlich sind die H-Kennzeichen kein kostenneutraler Spaß, sondern bringen den Haltern – je nach Hubraumgröße des Fahrzeugs – Steuer- und Versicherungsvorteile.

Original oder Replik – auf den ersten Blick ist das nicht genau zu erkennen.

Kultautos von A-Z

Alfa Romeo

Die Firmengeschichte des Fahrzeugherstellers Alfa Romeo reicht bis in das Jahr 1906 zurück, als der französische Autopionier Alexandre Darracq ein Automobilwerk in Portello gründete. 1910 entstand daraus die Aktiengesellschaft „Anonima Lombarda Fabbrica Automobili" (abgekürzt ALFA). 1915 kam diese Gesellschaft in Schwierigkeiten und wurde von der Firma des neapolitanischen Ingenieurs Nicola Romeo übernommen; daher der zweite Namensbe-

standteil. Seit 1920 wird Alfa Romeo als Markenname für anspruchsvolle Fahrzeuge geführt. 1929 übernahm der italienische Staat das Unternehmen. 1986 ging das Staatsunternehmen im FIAT-Konzern auf.

Alfa Romeo
Giulia Sprint GT

Mit der Giulia brachte Alfa Romeo 1962 eine seiner erfolgreichsten Baureihen auf den Markt. Gegenüber dem Vorgängermodell Giulietta war das Fahrzeug geräumiger. Der Limousine folgte ein Jahr später die sportliche Ausführung. In der Spitzenmotorisierung mit Doppel-Horizont-Vergasern konnten die 88 kW die Giulia bis zu 190 km/h schnell machen.

Modell:	Alfa Romeo Giulia Sprint GT
Motor/Zylinder:	DOHC Reihenmotor/4
Geschwindigkeit:	max. 190 km/h
Hubraum in ccm:	1750
Leistung in PS/kW:	118/88
Bauzeit:	1963–1977

Alfa Romeo GT 1300 Junior Coupé

Am beliebtesten war das Coupé in der Farbe Rot. Und selbstverständlich mit Ledersitzen. Bei seiner Markteinführung kostete das Gefährt 16.000 DM und versprach dafür sportliches Fahrvergnügen mit Höchstgeschwindigkeiten um 180 km/h. Allein von dieser Version wurden ca. 80.000 Fahrzeuge gebaut. Ab 1972 war ein 1600er Coupé verfügbar.

Modell:	Alfa Romeo GT 1300 Junior Coupé
Motor/Zylinder:	DOHC Reihenmotor/4
Geschwindigkeit:	max. 180 km/h
Hubraum in ccm:	1290
Leistung in PS/kW:	87/64
Bauzeit:	1966–1972

Alfa Romeo Giulia Super

Als sportliche Limousine folgte die Giulia Nuova 1974 ihren Schwestern. Dank Doppel-Horizont-Vergasern erreichte sie 102 PS und sportliche 175 km/h Spitzengeschwindigkeit. Das Facelifting sorgte für mehr Sachlichkeit. Mit Scheibenbremsen vorn und hinten, Fünfganggetriebe und Kunstleder-Ausstattung machte die neue Super Giulia aber viel Eindruck.

Modell:	Alfa Romeo Giulia Super
Motor/Zylinder:	DOHC Reihenmotor/4
Geschwindigkeit:	max. 175 km/h
Hubraum in ccm:	1570
Leistung in PS/kW:	102/76
Bauzeit:	1965–1978

Alfa Romeo

Alfa Romeo 2000 Spider Veloce

Der erster Spider der Baureihe 105 erschien 1966 auf dem Genfer Autosalon. „Ferrari des kleinen Mannes" nannte man das Rundheckmodell. Dustin Hoffman machte den Spider berühmt, als er ihn in dem Film „Die Reifeprüfung" fuhr. 1969 wurde die Spider-Generation vorgestellt. Nach oben war die Motorisierung um den 1750er und 2000er und nach unten um den 1300er Spider Junior erweitert worden.

Modell:	Alfa Romeo 2000
Motor/Zylinder:	DOHC Reihenmotor/4
Geschwindigkeit:	max. 195 km/h
Hubraum in ccm:	1962
Leistung in PS/kW:	131/98
Bauzeit:	1971–1975

Alfa Romeo Spider Aerodinamica

Die italienischen Alfa-Romeo-Fans, die genau wussten, wie ein „echter" Alfa auszusehen hatte, waren bei Spottnamen erfinderisch: „Gummilippe" nannten sie den Spider der dritten Generation, der ihnen wegen der wulstigen Stoßfänger missfiel und wegen des gewöhnungsbedürftigen Heckspoilers. Aber gerade dieser Spider war sehr erfolgreich.

Modell:	Alfa Romeo Spider Aerodinamica
Motor/Zylinder:	DOHC Reihenmotor/4
Geschwindigkeit:	max. 197 km/h
Hubraum in ccm:	1962
Leistung in PS/kW:	128/94
Bauzeit:	1983–1989

Alfa Romeo Montreal

Das Sportcoupé war ein Kraftpaket. 200 PS schleuderten es auf 220 km/h. Auf der Weltausstellung in Montreal 1967 wurde die Designstudie zum ersten Mal vorgestellt – daher leitete das Coupé seinen Namen ab. Die Rostvorsorge war gegenüber anderen Alfa-Modellen besser; aber der Benzinverbrauch war mit bis zu 25 l/100 km sehr hoch.

Modell:	Alfa Romeo Montreal
Motor/Zylinder:	V-Motor/8
Geschwindigkeit:	max. 220 km/h
Hubraum in ccm:	2593
Leistung in PS/kW:	200/147
Bauzeit:	1970–1977

Alfa Romeo Junior 1300 Zagato

Zu den heute raren und gesuchten Coupés auf Basis der Alfa Romeo Giulia gehört der von Zagato gestylte Junior. Es gab ihn in der 1,3- und 1,6-Liter-Motorisierung. Technisch basierten die Wagen auf den bekannteren Bertone-Coupés. Zagato, das 1919 gegründete Design-Büro, arbeitete bereits seit den Zwanzigerjahren mit Alfa Romeo zusammen.

Modell:	Alfa Romeo GT 1300 Junior Z
Motor/Zylinder:	DOHC Reihenmotor/4
Geschwindigkeit:	max. 175 km/h
Hubraum in ccm:	1290
Leistung in PS/kW:	87/64
Bauzeit:	1969–1975

Alfa Romeo Alfasud

Mit dem Alfasud stellte Alfa Romeo eine Kompaktlimousine vor, die erstmals bei Alfa einen Frontantrieb aufwies. Gebaut wurde das Fahrzeug mit dem fortschrittlichen Boxermotor in Süditalien. Was als Entwicklungsprojekt für die Region gut war, war schlecht für das Auto. Rostanfälligkeit (Lack kam mitunter auf die angerosteten Rohkarossen) und Verarbeitungsmängel ruinierten den Ruf Alfa Romeos.

Modell:	Alfa Romeo Alfasud
Motor/Zylinder:	Boxermotor/4
Geschwindigkeit:	max. 155 km/h
Hubraum in ccm:	1186
Leistung in PS/kW:	63/46
Bauzeit:	1972–1983

Alfa Romeo Alfasud Sprint

Auf der Basis des Alfasud erschien 1976/77 der Alfasud Sprint als zweitüriges Coupé. Das Fahrzeug besaß eine eigenständige Karosserie, die von Giorgetto Giugiaro entworfen wurde (Ähnlichkeiten mit dem ebenfalls von Giugiaro stammenden VW-Scirocco waren nicht zufällig). Am Ende der Bauzeit wurde der Sprint ohne den Zusatz „Alfasud" vermarktet.

Modell:	Alfa Romeo Alfasud Sprint
Motor/Zylinder:	Boxermotor/4
Geschwindigkeit:	max. 175 km/h
Hubraum in ccm:	1286
Leistung in PS/kW:	75/55
Bauzeit:	1976–1989

Alfa Romeo Alfetta

Mit dem Alfetta besetzte Alfa Romeo das Segment der gehobenen Mittelklasse. Die Typbezeichnung stammt von einem bekannten Rennwagen der Fünfzigerjahre ab. Mit diesem teilt die Alfetta-Limousine die Transaxle-Bauweise des Antriebs: Getriebe und Kupplungsgehäuse sitzen zusammen mit dem Hinterachsdifferenzial in einem Block an der Hinterachse.

Modell:	Alfa Romeo Alfetta
Motor/Zylinder:	DOHC Reihenmotor/4
Geschwindigkeit:	max. 185 km/h
Hubraum in ccm:	1779
Leistung in PS/kW:	121/90
Bauzeit:	1972–1974

Alfa Romeo Alfetta GTV 6 2.5

Neben der seltenen Turboversion des Vierzylinder-GTV kam nach dem Facelifting von 1980 der GTV 2.5 mit einem V6-Motor als Spitzenmodell heraus. Stoßfänger und Spoiler waren mit mehr Kunststoff verkleidet, auch das Armaturenbrett war überarbeitet worden. Mit diesem Modell wollte man „die Lücke schließen, die Alfa noch von Ferrari trennt".

Modell:	Alfa Romeo GTV 6 2.5
Motor/Zylinder:	V-Motor/6
Geschwindigkeit:	max. 212 km/h
Hubraum in ccm:	2492
Leistung in PS/kW:	158/116
Bauzeit:	1980–1986

Alfa Romeo Alfa 90

„Die Alfetta ist tot, es lebe die Alfetta!". Im Alfa 90 führte die zwischen 1972 und 1984 gebaute Alfetta ein dreijähriges Nachleben. Ein geschwindigkeitsabhängiger Frontspoiler verbesserte die Straßenlage; viele hielten das nur für eine Spielerei. Auch der Beifahrer konnte unterm Handschuhfach mit einem herausnehmbaren Koffer spielen. Nachfolger des Alfa 90 war der Alfa 164.

Modell:	Alfa Romeo Alfa 90 2.5
Motor/Zylinder:	V-Motor/6
Geschwindigkeit:	max. 200 km/h
Hubraum in ccm:	2492
Leistung in PS/kW:	158/116
Bauzeit:	1984–1987

Alpine

Alpine A 110

Der A 110 war einer der erfolgreichsten Wagen der Motorsportgeschichte. Nur 113 cm hoch war die Kunststoffkarosserie; die serienmäßigen Renault-Motoren gab es in vier Hubraumklassen und die Alpine-Spezialisten entlockten ihnen erstaunliche Leistungen. Das typische Heckmotor-Übersteuern blieb dem Typ jedoch trotz aller Gegenmaßnahmen treu.

Modell:	Alpine A 110 1600 (1971)
Motor/Zylinder:	Reihenmotor/4
Geschwindigkeit:	max. 204 km/h
Hubraum in ccm:	1606
Leistung in PS/kW:	128/97
Bauzeit:	1963–1977

Die Sportwagenfirma Alpine (später Renault Alpine) wurde 1955 von Jean Rédélé (1922–2007) in Dieppe gegründet. Rédélé war Sohn eines Renault-Händlers aus Dieppe und leidenschaftlicher Motorsportenthusiast. Er übernahm die Werkstatt seines Vaters und begann zunächst, Serien-Renaults für den Motorsport zu modifizieren. Daraus entstand schließlich die Idee, aus gewöhnlichen Renault-Komponenten außergewöhnliche Sportwagen in Kleinserie zu bauen. Hervorstechend waren die Glasfaser-Karosserien. 1973 übernahm Renault die Aktienmehrheit an Alpine, Rédélé blieb zunächst weiter Chef der Firma, bis er 1978 auch seine restlichen Anteile verkaufte. Im Jahr 2012 verkaufte Renault 50% seiner Anteile an den englischen Sportwagenhersteller Caterham Cars.

Alpine A 310

Eigentlich war der A 310 von Anfang an als Sechszylinder geplant gewesen, aber die Motorenentwicklung dauerte etwas länger und so gab es ihn zunächst als Vierzylinder. Verwendet wurde der Motor des Renault 16 TS, später die elektronische Einspritzung des Renault 17. Für die Produktion wurde im Industriegebiet von Dieppe eine neue Fabrik errichtet.

Modell:	Alpine A 310i (1975)
Motor/Zylinder:	Reihenmotor/4
Geschwindigkeit:	max. 214 km/h
Hubraum in ccm:	1606
Leistung in PS/kW:	127/93
Bauzeit:	1971–1976

Alpine A 310 V 6

1976 war der Sechszylindermotor fertig, der ein – wegen der damaligen Energiekrise – gekürzter Achtzylinder war. Mit diesem Motor, einer Gemeinschaftsentwicklung von Peugeot, Renault und Volvo, war der A 310 mit annähernd 10.000 Exemplaren erfolgreicher als der kleine Vierzylinder-Bruder.

Modell:	Alpine A 310 V 6
Motor/Zylinder:	V-Motor/6
Geschwindigkeit:	max. 220 km/h
Hubraum in ccm:	2664
Leistung in PS/kW:	150/112
Bauzeit:	1976–1985

AMC

Der US-amerikanische Hersteller American Motor Company (AMC) bestand zwischen 1954 und 1987. Er entstand aus dem Zusammenschluss der Nash Motors und der Hudson Car Motor Company. 1970 erwarb das Unternehmen die Firma Kaiser Motors und mit ihr die Markenrechte für den Geländewagen „Jeep". 1987 ging AMC seinerseits im Chrysler-Konzern auf. Kraftfahrzeuggeschichte schrieb AMC, als man mit dem Gremlin den ersten amerikanischen Kleinwagen auf den Markt brachte. Mit der Energiekrise Mitte der Siebzigerjahre entsann man sich auch wieder der Kompakt-Klasse und stellte mit dem Pacer ein eigentümliches und mittlerweile Kult gewordenes Gefährt auf die Räder.

AMC Pacer

Kurz wie der Golf IV, aber breiter als ein Mercedes der S-Klasse (als „The first wide small car" – der erste breite Kleinwagen, bewarb man das Modell), 37 Prozent der Außenfläche Glas, Türen mit Seitenaufprallschutz, mit einem Verbrauch bei 15 Litern auf 100 km nicht wirklich sparsam – in Amerika hatte man von der Kompaktklasse ein eigenes Verständnis.

Modell:	AMC Pacer
Motor/Zylinder:	Reihenmotor/6
Geschwindigkeit:	max. 170 km/h
Hubraum in ccm:	4228
Leistung in PS/kW:	112/82
Bauzeit:	1975–1980

American Motor Company

Aston Martin

Der britische Sportwagenhersteller Aston Martin wurde 1914 von Lionel Martin und Robert Bamford gegründet. Das Modell mit dem Namen Aston Martin fuhr 1915 noch auf Holzspeichenrädern vor. Das erklärte

Konzept bestand darin, Rennwagen für die Straße zu bauen. Bis zum Beginn des Zweiten Weltkriegs entstanden nur wenige Hundert Fahrzeuge. 1947 übernahm der Unternehmer David Brown die Firma (und hinterließ seither seine Initialen DB in den Typenbezeichnungen der Aston Martins). Seit 1972 geriet das Unternehmen in finanzielle Schwierigkeiten und erlebte mehrere Besitzerwechsel, bis in den Neunzigerjahren Ford die Führung übernahm. In 95 Jahren Firmengeschichte entstanden nur ca. 16.000 Fahrzeuge – überwiegend in Handarbeit. 2007 übernahmen zwei kuwaitische Investoren das Unternehmen. Seit Dezember 2013 hält die Daimler AG auch 50% der Anteile im Rahmen einer technischen Partnerschaft.

Aston Martin DB 6

Der DB 6 war etwas geräumiger als sein Vorgänger DB 5. Sein Aufbau war eher konventionell zu nennen – mit einer am Rahmen befestigten Karosserie. Die Version „Vantage" holte dank dreier Weber-Vergaser satte 242 kW (329 PS) aus dem Aggregat heraus. Neben der klassischen Coupé-Form wurden auch Cabrios und Steilheck-Coupés gebaut.

Modell:	Aston Martin DB 6 Vantage
Motor/Zylinder:	DOHC Reihenmotor/6
Geschwindigkeit:	max. 240 km/h
Hubraum in ccm:	3996
Leistung in PS/kW:	329/242
Bauzeit:	1965–1970

Aston Martin

Aston Martin DBS

Der Grand-Tourismo Aston Martin DBS fungierte als Nachfolgemodell der berühmten DB-6-Serie. Es gab ihn auch in den Versionen DBS Vantage und seit 1969 auch als DBS V8. Seine eigene Berühmtheit verdankt der DBS seiner Filmpräsenz. Im James-Bond-Film „Im Geheimdienst Ihrer Majestät" wird der DBS von George Lazenby gefahren.

Modell:	Aston Martin DBS
Motor/Zylinder:	DOHC Reihenmotor/6
Geschwindigkeit:	max. 225 km/h
Hubraum in ccm:	3996
Leistung in PS/kW:	285/210
Bauzeit:	1967–1972

Aston Martin V8

Der Leichtmetall-DOHC-V8-Motor beschleunigte die Grundversion dieses Wagens in 6,5 Sekunden von 0 auf 100 km/h, die Version Vantage (die es seit 1977 gab) schaffte es in 5,6 Sekunden. Dafür genehmigte sich die Maschine auch 21,7 Liter Benzin auf 100 km. Seinerzeit ein typisches Millionärsauto.

Modell:	Aston Martin V8
Motor/Zylinder:	DOHC V-Motor/8
Geschwindigkeit:	max. 235 km/h
Hubraum in ccm:	5340
Leistung in PS/kW:	314/231
Bauzeit:	1972–1989

Aston Martin V8 Volante

1978 lieferte Aston Martin seinen V8 auch als schickes Cabriolet aus. Das Verdeck konnte elektrisch geöffnet und geschlossen werden. Der Erstbesitzer musste seinerzeit – je nach Ausstattung – stolze 135.000 bis 220.000 DM hinblättern (der Golf I kostete damals 10.000 DM). Vielen gilt er als der letzte klassische Aston Martin.

Modell:	Aston Martin V8 Volante
Motor/Zylinder:	V-Motor/8
Geschwindigkeit:	max. 234 km/h
Hubraum in ccm:	5340
Leistung in PS/kW:	300/223
Bauzeit:	1978–1989

Aston Martin Lagonda

Eigentlich ein Ausrutscher von Aston Martin, aber ein Ausrutscher, der den Autobauer in schwieriger Zeit rettete. Als die kantige viertürige Limousine mit Achtzylindermotor vorgestellt wurde, trafen Anzahlungen Hunderter Kunden für das Fahrzeug ein, was Aston Martin die wirtschaftliche Weiterexistenz sicherte.

Modell:	Aston Martin Lagonda
Motor/Zylinder:	V-Motor/8
Geschwindigkeit:	max. 230 km/h
Hubraum in ccm:	5340
Leistung in PS/kW:	304/226
Bauzeit:	1977–1989

Aston Martin

Audi

Der Markenname Audi geht auf August Horch zurück; Audi ist die lateinische Übersetzung seines Familiennamens. 1928 übernahm DKW die Marke und 1932 schlossen sich die vier Autohersteller DKW, Audi, Horch und Wanderer zur Auto-Union zusammen, deren Logo die vier verschlungenen Ringe (für die vier Firmen) wurden. Nach dem Zweiten Weltkrieg wurde die Auto-Union im Osten Deutschlands aufgelöst, im Westen neu gegründet. Dort begann man mit der DKW-Produktion, bis 1965 schließlich der erste Nachkriegs-Audi auf den Straßen erschien. Heute ist Audi eine nahezu 100-prozentige Tochter des VW-Konzerns und führt als Markenlogo die vier Ringe der einstigen Auto-Union.

Audi 50

Der Audi 50 sah nicht nur aus wie ein Polo, er war im Grunde auch ein Polo. Er wurde nur etwas eher vorgestellt als der Polo (1975) und auch auf dem gleichen Band in Wolfsburg produziert. Auf ein Facelifting verzichtete man und stellte 1978 die Produktion ein, um Audi im oberen Segment des Konzerns zu positionieren.

Modell:	Audi 50
Motor/Zylinder:	Reihenmotor/4
Geschwindigkeit:	max. 142 km/h
Hubraum in ccm:	1092
Leistung in PS/kW:	50/36
Bauzeit:	1974–1978

Audi 80

Der erste Audi 80 B1 (werksintern Typ 80/82) erschien 1972. Der Mittelklasse-Wagen wurde schon im ersten Jahr zum „Auto des Jahres" gewählt. Für fünf Personen zugelassen und familientauglich war der 80 eines der meistverkauften Audi-Modelle. 1976 wurde er einem Facelifting unterzogen.

Modell:	Audi 80 S
Motor/Zylinder:	OHC Reihenmotor/4
Geschwindigkeit:	max. 160 km/h
Hubraum in ccm:	1577
Leistung in PS/kW:	75/55
Bauzeit:	1972–1978

Audi 100 C 1 Limousine

Fast ist man an DDR-Verhältnisse erinnert, denkt man an die Entwicklungsgeschichte des Audi 100 zurück. Weil in Ingolstadt eigentlich nur Käfer vom Band rollen sollten, entwickelte Ludwig Kraus den 100er im Geheimen, als „Modellpflege". Der fertige Entwurf überzeugte aber die Konzernbosse und der Audi 100 wurde seit 1968 gebaut.

Modell:	Audi 100 GL
Motor/Zylinder:	Reihenmotor/4
Geschwindigkeit:	max. 179 km/h
Hubraum in ccm:	1871
Leistung in PS/kW:	112/82
Bauzeit:	1971–1976

Audi 100 Coupé S

1969 vorgestellt und seit 1970 produziert, ist das Audi Coupé S der 100-Baureihe zur Legende geworden. Manche halten es für den schönsten 100er. Auf jeden Fall vermittelt es mehr Zeitgeist als 500 Seiten Kulturtheorie. Gut erhaltene Fahrzeuge dieser Bauart sind inzwischen rar (und teuer) geworden.

Modell:	Audi 100
Motor/Zylinder:	Reihenmotor/4
Geschwindigkeit:	max. 183 km/h
Hubraum in ccm:	1871
Leistung in PS/kW:	112/82
Bauzeit:	1970–1976

Audi 100 C 2

Der Audi 100 C 2 (Typ 43) trug die Handschrift Ferdinand Piëchs, des damaligen Technikvorstands im Konzern. Inspiriert war das Fahrzeug von dem technisch fortschrittlichen NSU 80 Ro. Neben zwei Vierzylindermotoren wurde auch erstmals ein Viertakt-Fünfzylindermotor angeboten. Auch ein 2-Liter-Dieselmotor mit 51 kW war zu haben.

Modell:	Audi 100 2,0
Motor/Zylinder:	Reihenmotor/4
Geschwindigkeit:	max. 180 km/h
Hubraum in ccm:	1984
Leistung in PS/kW:	115/85
Bauzeit:	1976–1982

Audi 200 5 T

Audi löste vor allen anderen die Schwingungsprobleme des Fünfzylindermotors, die jenseits 4400 U/s auftreten. Mit dem Reihenfünfzylinder hatte man gegenüber Sechszylindermotoren Bauraumvorteile. Der 200er Audi (5 E und 5 T) war im Grunde ein höher veredelter und höher motorisierter 100er und mit diesem nahezu baugleich.

Modell:	Audi 200 5 T
Motor/Zylinder:	Reihenmotor/5
Geschwindigkeit:	max. 202 km/h
Hubraum in ccm:	2144
Leistung in PS/kW:	170/127
Bauzeit:	1979–1982

Audi V8 Quattro

Mit dem Audi V8 Quattro stieß Audi erstmals in die Oberklasse vor. Als erste Oberklasse-Limousine war er mit einem permanenten Allradantrieb ausgestattet. Obwohl das Fahrzeug technisch innovativ und eine Neukonstruktion war, ähnelte es zu sehr den bekannten Audi-Modellen, als dass die Käufer geglaubt hätten, was der Preis versprach. Die Verkaufszahlen waren enttäuschend.

Modell:	Audi V8 Quattro
Motor/Zylinder:	DOHC V-Motor/8
Geschwindigkeit:	max. 244 km/h
Hubraum in ccm:	3562
Leistung in PS/kW:	253/186
Bauzeit:	1998–1994

Audi Coupé

Die Sportcoupé-Version des Audi 80 glich bis zur Taille (bis auf die veränderten Scheinwerfer) weitgehend der Limousine. Oberhalb der Taille wurde das Heck schräg geschnitten und die Scheiben flacher gestellt. Auffallend die Heckpartie mit den schwarzen Kunststoffblenden und der unterhalb dieser Blenden laufenden durchgehenden Leuchtleiste.

Modell:	Audi Coupé GL
Motor/Zylinder:	Reihenmotor/4
Geschwindigkeit:	max. 172 km/h
Hubraum in ccm:	1781
Leistung in PS/kW:	75/56
Bauzeit:	1980–1987

Audi Quattro

Das legendäre Sportcoupé Audi Quattro wird auch „Urquattro" genannt, denn es war das erste in Großserie gebaute Straßenfahrzeug mit permanentem Allradantrieb. Die Idee, den geländewagentypischen Allradantrieb auf die Straße zu bringen, kam bei Testfahrten auf Eispisten in Nordschweden. Der Audi Quattro Sport mit Turbolader war 250 km/h schnell.

Modell:	Audi Quattro 20 V (1989)
Motor/Zylinder:	Reihenmotor/5
Geschwindigkeit:	max. 230 km/h
Hubraum in ccm:	2226
Leistung in PS/kW:	220/162
Bauzeit:	1980–1990

Austin

Die Austin Motor Company wurde 1905 in Birmingham gegründet. Der Firmengründer Herbert Austin hatte zuvor als Manager bei der Wolseley Tool and Motor Car Company gearbeitet. In den Zwanzigerjahren war der Austin 7 ein kleines praktisches Fahrzeug, das erstmals in Großbritannien auf einen Massenmarkt orientiert war. 1952 endete Austins Selbstständigkeit, als mehrere Firmen unter dem Dach der British Motor Company und später von British Leyland fusioniert wurden. Missmanagement und mangelnde Ferti-gungsqualität ruinierten den Ruf des britischen Massenfahrzeugbaus. Nach vielen Umstrukturierungen und undurchsichtiger Modellpolitik erlosch der Markenname Austin schließlich in den Neunzigerjahren.

Austin 1100/1300

Der Austin 1100 war eine zwei- oder viertürige Schräghecklimousine, die in der unteren Mittelklasse angesiedelt war. Dank der eigenartigen Modellpolitik der British Motor Company gab es in Gestalt des Morris 1100, des MG 1100, des Riley Kestrel 1100 und des Wolseley 1100 weitgehend baugleiche Fahrzeuge. Der Austin 1300 war etwas stärker motorisiert als das Schwestermodell.

Modell:	Austin 1100
Motor/Zylinder:	Reihenmotor/4
Geschwindigkeit:	max. 128 km/h
Hubraum in ccm:	1098
Leistung in PS/kW:	48/35
Bauzeit:	1963–1974

Austin 1800

Der bei der British Motor Company als BMC ADO17 entwickelte Wagen wurde unter den Markennamen Austin 1800 und Austin 2200, aber auch als Morris 1800 und Morris 2200 sowie als Wolseley 18/85 verkauft. Die Stufenheck-Limousine der Mittelklasse war mit Motoren von 1798 ccm (Austin 1800) bis 2227 ccm (Austin 2200) motorisiert.

Modell:	Austin 1800
Motor/Zylinder:	Reihenmotor/4
Geschwindigkeit:	max. 143 km/h
Hubraum in ccm:	1798
Leistung in PS/kW:	84/62
Bauzeit:	1964–1975

Austin 3-litre

1967 wurde als Oberklasse-Limousine der Austin 3-litre vorgestellt. Wie sein Vorgänger, der Austin A110, besaß er einen Sechszylinder-Reihenmotor. Beim Karosserie-Entwurf bediente man sich im BMC-Baukasten. Die Türen stammten aus dem Austin 1800, hätten aber auch in den Austin Maxi und in den Austin Kimberley gepasst.

Modell:	Austin 3-litre
Motor/Zylinder:	Reihenmotor/6
Geschwindigkeit:	max. 160 km/h
Hubraum in ccm:	2912
Leistung in PS/kW:	125/92
Bauzeit:	1968–1971

Austin Princess
1800 HL/2200 HL

Im September 1975 wurden bei British Leyland die drei parallelen Fertigungslinien von Austin, Morris und Wolseley mit insgesamt sieben Ausstattungsvarianten zur Modellreihe Princess zusammengeführt. Die besser ausgestatteten HL-Versionen (HL steht für High Line) folgten den Grundversionen der neuen, keilförmigen Limousinen.

Modell:	Austin 1800 HL
Motor/Zylinder:	Reihenmotor/4
Geschwindigkeit:	max. 145 km/h
Hubraum in ccm:	1798
Leistung in PS/kW:	112/82
Bauzeit:	1975–1979

Austin Healey
Sprite Mark IV

Als Sportwagen haben die Healeys von Austin eine lange Modellgeschichte. Schon das 1958 ausgelieferte Mark-I-Modell lud zum Tuning ein; die erforderlichen Teile und die Dokumentation wurden vom Hersteller selbst geliefert. Mark IV erschien 1966. Aus Kostengründen wurde die Produktion 1971 nach 14.350 Fahrzeugen eingestellt.

Modell:	Austin Healey Sprite Mark IV
Motor/Zylinder:	Reihenmotor/4
Geschwindigkeit:	max. 151 km/h
Hubraum in ccm:	1275
Leistung in PS/kW:	65/48
Bauzeit:	1966–1971

Autobianchi

Edoardo Bianchi, der Firmengründer, begann – wie so viele Automobilpioniere – in einer Fahrradwerkstatt. Seit 1905 wurden in seiner Werkstatt auch Automobile zusammengeschraubt. Nach dem Zweiten Weltkrieg fehlten Bianchi die finanziellen Mittel, eine eigenständige Autoproduktion aufzunehmen. Also gründete er mit FIAT und dem Reifenhersteller Pirelli das Gemeinschaftsunternehmen Autobianchi. Das neue Unternehmen bediente sich aus dem Baukasten des FIAT-Konzerns, schuf dabei aber durchaus neue Lösungen. So glich zwar der Autobianchi A111 äußerlich dem FIAT 124 auffallend, besaß aber einen Frontantrieb.

Autobianchi A112

Der A112 kam 1969 als fünfsitziger Kleinwagen auf den Markt. In der siebzehnjährigen Bauzeit wurde er mehrmals überarbeitet (insgesamt sieben Serien). Seit 1982 wurde der A112 im Ausland bereits unter der Marke Lancia vertrieben. Nachfolgemodell der 1986 erloschenen Marke Autobianchi wurde der Lancia Y. Zugleich diente der A112 als Basis für den FIAT 127 von 1971.

Modell:	Autobianchi A112 Abarth 58 HP
Motor/Zylinder:	Reihenmotor/4
Geschwindigkeit:	max. 151 km/h
Hubraum in ccm:	982
Leistung in PS/kW:	58/43
Bauzeit:	1969–1986

Autobianchi

Autobianchi Bianchina

Das Modell Bianchina fußte auf dem FIAT 500, dessen Fahrgestell und Radaufhängung es nutzte. Der Kleinstwagen erschien 1957. Angeboten wurden eine zweitürige Limousine (seit 1962), ein Coupé mit Faltschiebedach (als Speciale auch mit stärkerem Motor), ein Cabriolet und eine Kombiversion namens Panoramica (seit 1960).

Modell:	Autobianchi Bianchina
Motor/Zylinder:	Reihenmotor/2 (Heckmotor)
Geschwindigkeit:	max. 90 km/h
Hubraum in ccm:	479
Leistung in PS/kW:	16,5/12
Bauzeit:	1957–1969

Bentley

Bentley Mulsanne

Im Laufe der Sechziger- und Siebzigerjahre war die Marke Bentley hinter Rolls-Royce zurückgeblieben. Die Vorstellung eines neuen Bentley-Modells 1980 war daher eine kleine Sensation. Mit dem Mulsanne knüpfte man an die sportliche Vergangenheit der Marke Bentley an – die Mulsanne ist der Teil der Rennstrecke von Le Mans, wo die höchsten Geschwindigkeiten gefahren werden. Ein Versprechen von sportlicher Eleganz gepaart mit Komfort also.

Modell:	Bentley Mulsanne
Motor/Zylinder:	V-Motor/8
Geschwindigkeit:	max. 193–209 km/h
Hubraum in ccm:	6750
Leistung in PS/kW:	256/191
Bauzeit:	1980–1992

Im Januar 1919 begründete Walter Owen Bentley die Automobilmarke Bentley, die sich heute als Inbegriff für schwere Limousinen und – fast barocken – Luxus etabliert hat. Das Logo in Form eines gefiederten B und die Kühlerfigur in Form eines aufrecht stehenden geflügelten B werden noch heute verwendet. 1931 musste die Firma Konkurs anmelden. Den Zugriff auf die Konkursmasse sicherte sich der Hauptkonkurrent Rolls-Royce. Nach dem Zweiten Weltkrieg wurde die Produktion von teuren Luxus-Limousinen wieder aufgenommen. Bis 1965 war das Erscheinungsbild der Bentleys sehr konservativ; seit Erscheinen der T-Serie entspricht es besser den technischen Standards.

Bentley T Corniche

Der Bentley Corniche verhielt sich zur T-Serie wie der Rolls-Royce Corniche zum Silver Shadow. Der Corniche war die Coupé-Version zur jeweiligen Limousine. 63 Bentley Corniche Coupé wurden bis 1982 gebaut, außerdem noch 77 Bentley Corniche Cabriolet (deren Produktion lief bis 1984). Nach 1984 wurde der Bentley Corniche als Bentley Continental weitergeführt.

Modell:	Bentley T Corniche
Motor/Zylinder:	V-Motor/8
Geschwindigkeit:	max. 190 km/h
Hubraum in ccm:	6750
Leistung in PS/kW:	260/193
Bauzeit:	1971–1984

Bentley Turbo R

Der Bentley Turbo R wurde zwischen 1985 und 1997 gebaut. Er war Nachfolger des Mulsanne Turbo und eine äußerst schnelle wie elastische Oberklasse-Limousine. Er war einer der bestverkauften Wagen seiner Klasse. 1994 folgte die Version Turbo S. Schließlich wurde das Modell 1997 vom Bentley Turbo RT abgelöst.

Modell:	Bentley Turbo R
Motor/Zylinder:	V-Motor/8
Geschwindigkeit:	max. 220 km/h
Hubraum in ccm:	6750
Leistung in PS/kW:	320/235
Bauzeit:	1985–1997

Bitter

Die Firma Bitter ist der vielleicht kleinste Autohersteller Deutschlands. 1971 von Erich Bitter gegründet, hat sich das Unternehmen auf Spezial- und Luxusmodelle auf der Basis von General-Motors-Komponenten spezialisiert. Bitter ging 1973 mit einem Aufsehen erregenden Modell, dem Bitter CD, an die Öffentlichkeit, das 395-mal gebaut wurde. Vom Nachfolger Bitter SC verließen 488 Exemplare die Endmontage. Erich Bitter stellte 1986 die Eigenentwicklung ein und entwarf Prototypen für andere Unternehmen.

Bitter CD

Auf der Basis des Opel Diplomat entstand das schicke Coupé des Bitter CD. Bitters Automobile verliehen dem biederen Image der Opel-Basis einen südländischen Zuschnitt. Selbst bei dem seinerzeit enorm hohen Basis-Preis von 70.000 DM griffen die Kunden aus der Schickeria schnell zu.

Modell:	Bitter CD
Motor/Zylinder:	V-Motor/8
Geschwindigkeit:	max. 210 km/h
Hubraum in ccm:	5354
Leistung in PS/kW:	230/169
Bauzeit:	1973–1979

Bitter SC

Nachdem Opel den Diplomat auslaufen ließ, reichten die Restteile noch für ein Jahr Bitter-CD-Produktion. Parallel dazu entwickelter Erich Bitter ein neues Coupé – diesmal auf der Basis des Opel Senator. Ab 1984 ließ Bitter eine neue Kurbelwelle mit mehr Hub einbauen; der Hubraum wuchs dadurch auf 3849 ccm – und mit ihm wuchs die Leistung auf 210 PS.

Modell:	Bitter SC 3.0
Motor/Zylinder:	Reihenmotor/6
Geschwindigkeit:	max. 215 km/h
Hubraum in ccm:	2968
Leistung in PS/kW:	180/132
Bauzeit:	1981–1986

BMW

BMW 3.0 CSL

Das zweitürige Coupé, das auf eine B-Säule verzichtet, wurde zum Inbegriff der Vereinigung von Eleganz und Sportlichkeit. Dazu trugen nicht zuletzt die Verwendung von Aluminium bei den Aufbauten und der Einbau des Leichtmetall-Reihensechszylinders bei. Der 3-Liter-Motor war mit ca. 12 Litern auf 100 Kilometer nicht einmal besonders durstig.

Modell:	BMW 3.0 CSL
Motor/Zylinder:	Reihenmotor/6
Geschwindigkeit:	max. 220 km/h
Hubraum in ccm:	3003
Leistung in PS/kW:	200/147
Bauzeit:	1971–1974

Die Anfänge der Bayerische Motoren Werke AG liegen in der Zeit des Ersten Weltkriegs und der Flugmotoren-Produktion. Nach dem Versailler Vertrag beschäftigte man sich zunächst mit dem Bau von Motorrädern. Zum Automobilhersteller wurde BMW erst 1928 – mit der Übernahme der Fahrzeugfabrik Eisenach, dem Hersteller des Kleinwagens Dixi. Der erste „echte" BMW kam 1932 auf die Straße. Nach dem Zweiten Weltkrieg begann die Autoproduktion im Westen erst 1951. Nach dem gescheiterten Übernahmeversuch durch Mercedes-Benz 1959 begann der Aufstieg von BMW zu einem führenden Autohersteller Deutschlands und in der Welt.

BMW

BMW 2500/2800

Unter dem Werkscode E3 wurden zwischen 1968 und 1977 Oberklasse-Limousinen herausgebracht, deren Typbezeichnungen den Hubraum in Kubikzentimetern angaben. 1971 wurde die Typkennzeichnung geändert, aus dem BMW 2800 wurde der BMW 2.8 und die Kennzeichnung verwies nun auf den Hubraum in Litern.

Modell:	BMW 2500
Motor/Zylinder:	Reihenmotor/6
Geschwindigkeit:	max. 190 km/h
Hubraum in ccm:	2494
Leistung in PS/kW:	150/110
Bauzeit:	1968–1977

BMW 3.0 S/3.0 Si

Nach der erfolgreichen Einführung der Klasse mit den 2500/2800-Modellen erweiterte BMW 1971 die Modellpalette um die Drei-Liter-Limousine. Die Version mit Vergasermotor wurde später um den BMW 3.0 Si mit Benzineinspritzung ergänzt, dessen Höchstgeschwindigkeit bei 211 km/h lag.

Modell:	BMW 3.0 S
Motor/Zylinder:	Reihenmotor/6
Geschwindigkeit:	max. 205 km/h
Hubraum in ccm:	2986
Leistung in PS/kW:	180/134
Bauzeit:	1971–1977

BMW 2.8 L/3.0 L/3.3 L

1973 entschloss sich BMW, für die Baureihen der 2,8- und 3,0-Liter-Limousinen eine Karosserie-Version mit verlängertem Radstand zu entwickeln: in der Typkennzeichnung am angefügten „L" erkennbar. Außerdem wurde die Motorisierung nach oben um das 3,3-Liter-Aggregat erweitert. Auch die Innenausstattung geriet hochwertiger.

Modell:	BMW 3.3 L
Motor/Zylinder:	Reihenmotor/6
Geschwindigkeit:	max. 207 km/h
Hubraum in ccm:	3299
Leistung in PS/kW:	190/140
Bauzeit:	1973–1977

BMW 1502/1600-2/ 1602/1802/2002

Nachdem die ersten Nachkriegslimousinen das Unternehmen in Schwierigkeiten gebracht hatten, begann mit der 02-er Serie (ursprünglich als Baureihe 114 bezeichnet) die eigentliche Erfolgsgeschichte der Mittelklassemodelle von BMW. Motorisiert waren die Wagen mit Vierzylindermotoren von 1573 bis 1990 ccm. Höhepunkt der Entwicklungsreihe war der 2002 Turbo.

Modell:	BMW 1602
Motor/Zylinder:	Reihenmotor/4
Geschwindigkeit:	max. 160 km/h
Hubraum in ccm:	1573
Leistung in PS/kW:	85/63
Bauzeit:	1966–1977

BMW 2002
Baur Cabriolet

Die Baur Karosserie- und Fahrzeugbau GmbH in Stuttgart, seit 2007 Teil des schwedischen Semco-Konzerns, ist auf Umbauten von Serienfahrzeugen spezialisiert. Baur-BMW-Cabrios erkennt man meist an den erhalten gebliebenen Fensterrahmen. Fahrer- und Beifahrersitz sind durch ein stabiles Dachelement geschützt.

Modell:	BMW 2002
	Baur Cabriolet
Motor/Zylinder:	Reihenmotor/4
Geschwindigkeit:	max. 170 km/h
Hubraum in ccm:	1990
Leistung in PS/kW:	100/74
Bauzeit:	1971–1975

BMW 1600-2/2002
Cabriolet

Als zweitüriges Cabriolet war besonders die als sportlicher empfundene 2-Liter-Motorisierung begehrt, sie wurde in der ganz offenen Version nur ein Jahr lang in geringer Stückzahl gebaut. Danach entstand eine Version mit Überrollbügel, gemeinhin Targa genannt, bei Baur in Stuttgart.

Modell:	BMW 2002
	Cabriolet (1971)
Motor/Zylinder:	Reihenmotor/4
Geschwindigkeit:	max. 170 km/h
Hubraum in ccm:	1990
Leistung in PS/kW:	100/74
Bauzeit:	1968–1971

BMW 1600/1800/2000/2000 tti touring

Die touring-Modelle von BMW waren zu ihrer Entstehungszeit umstritten. Es handelte sich um Schrägheckmodelle der o2er-Baureihe. In Frankreich wurden sie Kombi-Coupé genannt. Im Spitzenmodell, dem 2000 tti touring, arbeitete eine Benzineinspritzung von Kugelfischer.

Modell:	BMW 1600 touring (1971–1972)
Motor/Zylinder:	Reihenmotor/4
Geschwindigkeit:	max. 160 km/h
Hubraum in ccm:	1573
Leistung in PS/kW:	85/74
Bauzeit:	1971–1974

BMW 2002 turbo

Die Turboversion war das Spitzenmodell der o2er-Reihe. Noch vor Porsche brachte BMW damit einen Serienwagen mit Abgasturbolader auf die Straße. Und das gerade 1973, während der ersten Ölkrise. Das Fahrzeug wurde als unzeitgemäß kritisiert. Den in Spiegelschrift am Spoiler aufgebrachten Schriftzug „turbo" deuteten Kritiker als Aufforderung zu aggressiver Fahrweise.

Modell:	BMW 2002 turbo
Motor/Zylinder:	Reihenmotor/4
Geschwindigkeit:	max. 217 km/h
Hubraum in ccm:	1990
Leistung in PS/kW:	170/125
Bauzeit:	1973–1974

BMW
315/316/318/318i/320

Mit der werksinternen Codierung E21 brachte BMW 1975 seine erste 3er-Reihe auf die Straße, die in verschiedenen Motorisierungsversionen bis 1983 gebaut wurde. Alle 3er besaßen die Karosserie einer zweitürigen Limousine. Modelle mit Einspritzern hatten ein „i" am Ende der Typkennzeichnung.

Modell:	BMW 318i (1980–1982)
Motor/Zylinder:	Reihenmotor/4
Geschwindigkeit:	max. 179 km/h
Hubraum in ccm:	1766
Leistung in PS/kW:	105/77
Bauzeit:	1975–1983

BMW Baur
Topcabriolet

BMW lieferte die „Rumpflimousinen" nach Stuttgart und Baur baute seine Targa-Aufbauten drauf – und fertig war das unfallsichere Top-Cabriolet mit Überrollschutz. Eine Cabrio-Limousine, die dem Oben-ohne-Fahren – nach Jahren des Schattendaseins – eine Renaissance bescherte.

Modell:	BMW 320i TC
Motor/Zylinder:	Reihenmotor/6
Geschwindigkeit:	max. 182 km/h
Hubraum in ccm:	1990
Leistung in PS/kW:	125/92
Bauzeit:	1977–1982

BMW 323i

An der Spitze der 3er-Pyramide stand der 323i. Die linke Spur der Autobahn sei seine Welt, schrieb eine Illustrierte zum 30. Jubiläum. 1977 wurden die Wünsche der leistungshungrigen BMW-Fans erhört: Ein Sechszylindermotor – in einem Kompaktwagen eher selten anzutreffen – sorgte für zusätzliche Pferdestärken.

Modell:	BMW 323i
Motor/Zylinder:	Reihenmotor/6
Geschwindigkeit:	max. 201 km/h
Hubraum in ccm:	2315
Leistung in PS/kW:	143/105
Bauzeit:	1977–1982

BMW 518/520/520i/525

Die 5er-Reihe kam 1972 als Nachfolger der sogenannten „Neuen Klasse" auf den Markt. Die Fahrzeuge der werksintern als E12 klassifizierten Baureihe hatte der Designer Paul Bracq gestaltet. Für die viertürigen Mittelklasse-Limousinen wurden Otto-Motoren von 1,8 bis 3,5 Liter Hubraum angeboten.

Modell:	BMW 518 (1972–1981)
Motor/Zylinder:	Reihenmotor/4
Geschwindigkeit:	max. 160 km/h
Hubraum in ccm:	1766
Leistung in PS/kW:	91/67
Bauzeit:	1972–1981

BMW 528i/530i/M 535i

Nach den Einstiegsmodellen mit den bewährten Motoren M10, die auch schon die Vorgängermodelle zur Zufriedenheit der Kunden antrieben, wurde die Motorenpalette der 5er-Serie allmählich erweitert. Der M 535i stellt mit satten 218 PS das Glanzstück der E12er-Reihe dar.

Modell:	BMW M 535i
Motor/Zylinder:	Reihenmotor/6
Geschwindigkeit:	max. 222 km/h
Hubraum in ccm:	3453
Leistung in PS/kW:	218/163
Bauzeit:	1977–1981

BMW 518/518i/520i/ 520e/525d/525td/525i

Die Baureihe E28 war die zweite Generation der 5er-Reihe von BMW. Obwohl man sie hin und wieder noch – arg beansprucht – im täglichen Straßenverkehr findet, rücken die Modelle langsam aber sicher in den Rang von Klassikern der Youngtimer-Szene ein. Die Baureihe wurde in Deutschland bis 1987, in Südafrika bis 1989 produziert.

Modell:	BMW 525i
Motor/Zylinder:	Reihenmotor/6
Geschwindigkeit:	max. 201 km/h
Hubraum in ccm:	2494
Leistung in PS/kW:	150/110
Bauzeit:	1981–1987

BMW 528i/535i/M5

Unter den superschnellen Einspritzern der Baureihe E28 gehört der M5 zu den ausgesprochenen Raritäten. Die Startbeschleunigung von 0 auf 100 km/h in 6,1 Sekunden vermittelte Jet-Feeling, sofern der Fahrer die 286 Pferde tatsächlich auf die Straße brachte. Kein Wunder: Der Motor stammte aus dem M1. Eine Kat-Version gab es allerdings nicht.

Modell:	BMW M5
Motor/Zylinder:	DOHC Reihenmotor/6
Geschwindigkeit:	max. 251 km/h
Hubraum in ccm:	3453
Leistung in PS/kW:	286/210
Bauzeit:	1985–1987

BMW 628 CSi/
630 CS/633 CSi

Die BMW-6er (werksinterne Codierung E24) stehen als Coupés auf der Basis der 5er-Reihe und nehmen die 7er-Reihe quasi vorweg. Der 628 CSi rückte 1979 an die Stelle des verbrauchsintensiven Modells 630 und verwendete den Motor des BMW 528i. Der Neupreis des Wagens lag anfangs bei 46.000 DM.

Modell:	BMW 628 CSi
Motor/Zylinder:	Reihenmotor/6
Geschwindigkeit:	max. 212 km/h
Hubraum in ccm:	2788
Leistung in PS/kW:	184/135
Bauzeit:	1976–1989

BMW M 635 CSi

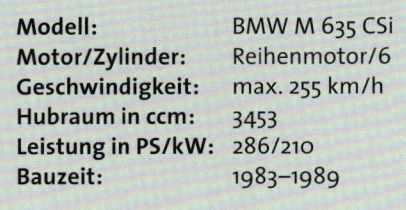

Das sportlich orientierte Coupé des 635 CSi erschien 1983. Schon äußerlich fiel das Modell durch Front- und Heckspoiler sowie durch seitliche Zierstreifen auf. Ein Sperrdifferenzial mit 25 % Sperrgrad war serienmäßig. Im Beschleunigungstest von 0 auf 200 km/h konnte der 635 CSi die teureren Porsche 928 und Mercedes-Benz 450 SLC 5.0 abhängen.

Modell:	BMW M 635 CSi
Motor/Zylinder:	Reihenmotor/6
Geschwindigkeit:	max. 255 km/h
Hubraum in ccm:	3453
Leistung in PS/kW:	286/210
Bauzeit:	1983–1989

BMW

BMW 728/728i/730

Die Baureihe E23 war die erste Baureihe der 7er-BMWs. Die Typen 728, 730 und 733i wurden zunächst mit den Motoren der Vorgängermodelle angeboten. Bei diesen Oberklasse-Limousinen stand allerdings auch nicht der Fahrspaß, sondern der Komfort im Vordergrund.

Modell:	BMW 728 (1977–1979)
Motor/Zylinder:	Reihenmotor/6
Geschwindigkeit:	max. 193 km/h
Hubraum in ccm:	2788
Leistung in PS/kW:	172/127
Bauzeit:	1977–1986

BMW 732i/735i/745i

Das Topmodell der 7er-Reihe war der 745i, der im Januar 1980 herauskam. Er bekam außer dem 3,2-Liter-Motor des 732i auch noch einen Turbolader mit Ladeluftkühlung, dank dessen die Leistung von 145 kW auf 188 kW erhöht werden konnte. Auch mit Automatikgetriebe wurde das Modell ausgeliefert.

Modell:	BMW 745i (1980–1986)
Motor/Zylinder:	Reihenmotor/6
Geschwindigkeit:	max. 220 km/h
Hubraum in ccm:	3210
Leistung in PS/kW:	255/188
Bauzeit:	1977–1986

BMW Z1

Der BMW Z1 wurde 1987 erstmals – als Tech-
nologie- und Imageträger – präsentiert und
1989 bis 1991 in 8000 Einheiten gebaut. Der
nur 1250 kg schwere zweisitzige Roadster
kam mit Normalbenzin aus und war mit
durchschnittlich 9,2 Litern auf 100 km wahrlich kein Schluckspecht in seiner Klasse.

Modell:	BMW Z1
Motor/Zylinder:	DOHC Reihenmotor/6
Geschwindigkeit:	max. 225 km/h
Hubraum in ccm:	2494
Leistung in PS/kW:	170/125
Bauzeit:	1989–1991

BMW M1

Das M stand für die Motorsportabteilung
von BMW und die 1 für den ersten Rennsportwagen von BMW. 457 Exemplare dieser Autolegende wurden zwischen 1978 und
1980 gebaut. Die Straßenversion profitierte
von den Erfolgen auf der Rennstrecke. Das
Vergnügen, in diesem Gefährt in 5,6 Sekunden von 0 auf 100 km/h zu beschleunigen,
war und ist exklusiv.

Modell:	BMW M1
Motor/Zylinder:	DOHC Reihenmotor/6
Geschwindigkeit:	max. 261 km/h
Hubraum in ccm:	3453
Leistung in PS/kW:	277/207
Bauzeit:	1978–1980

BMW

Bond

Die Firma Bond Cars Ltd. wurde 1948 in Großbritannien gegründet und beschäftigte sich mit der Herstellung von Dreiradmobilen. Manche halten die Lifestyle-Dreiräder für den besonderen Ausdruck des britischen Humors; Hersteller und Nutzer hingegen hielten sie durchaus für alltagstauglich. 1970 wurde die Firma von Reliant Motor Co. Ltd. übernommen. Der neue Besitzer nutzte die Marke noch bis 1974.

Bond Bug

In der Regel kam sie in leuchtendem Orange dahergekrochen, die kleine britische Dreiradwanze mit dem 700-ccm-Motor. Als Fahrer oder Mitfahrer bestieg man das Fahrzeug, indem man die Kunststoffkarosserie komplett nach oben klappte. Die Luxusversion „E" besaß sogar eine Heizung.

Modell:	Bond Bug
Motor/Zylinder:	Reihenmotor/4
Geschwindigkeit:	max. 120 km/h
Hubraum in ccm:	700
Leistung in PS/kW:	29/21
Bauzeit:	1971–1974

Bond

Cadillac

Mit dem Namen Cadillac verbinden sich amerikanischer Lebensstil und Komfortausstattung und Begriffe wie Straßenkreuzer und Heckflosse. Die ursprünglich eigenständige Firma wurde 1902 von Henry Martyn Leland gegründet und erhielt den Namen des französischen Gründers von Detroit, Antoine Laumet de Cadillac. Seit 1909 gehört Cadillac zum Verbund von General Motors und besetzt dort das Segment der Oberklasse- und Luxuslimousinen. Auf dem europäischen Markt führte Cadillac immer nur ein Schattendasein – man bestaunte und bewunderte die amerikanischen Straßenkreuzer, aber man fuhr sie nicht.

Cadillac Seville

Die Energiekrise der frühen Siebzigerjahre machte Fahrzeuge mit einem 100-km-Verbrauch von 25 Litern obsolet. Cadillac reagierte 1975 mit dem Seville, der nicht nur auffallend kürzer war als die übrigen Cadillacs, sondern sich europäischer gab und „nur" 18 Liter auf 100 km verbrauchte. Der Seville wurde in mehreren Generationen bis 2003 gebaut.

Modell:	Cadillac Seville (1978)
Motor/Zylinder:	V-Motor/8
Geschwindigkeit:	max. 185 km/h
Hubraum in ccm:	5733
Leistung in PS/kW:	182/134
Bauzeit:	1975–1980

Cadillac

Cadillac deVille

Der Cadillac deVille (so die Schreibweise bis 1993; danach DeVille) wurde als gepanzerte Limousine des US-Präsidenten bekannt. Sowohl viertürige Limousinen (Sedan) als auch zweitürige Coupés und Cabrios wurden angeboten. Das Coupé war besonders beliebt und gehörte zu den meistverkauften Luxusfahrzeugen in den USA.

Modell:	Cadillac deVille Coupé (1979)
Motor/Zylinder:	V-Motor/8
Geschwindigkeit:	max. 185 km/h
Hubraum in ccm:	6964
Leistung in PS/kW:	198/147
Bauzeit:	1977–1984

Cadillac Fleetwood

Die Marke Fleetwood geht zurück auf einen Karosseriebauer, der in den Dreißigerjahren Cadillacs besonders luxuriös ausstattete. Als Cadillac stand Fleetwood sowohl als Beiname für luxuriöse Modelle mit anderen Typenbezeichnungen als auch als eigenständige Marke – immer jedoch für besonders teure Ausstattungsvarianten.

Modell:	Cadillac Fleetwood Brougham (1979)
Motor/Zylinder:	V-Motor/8
Geschwindigkeit:	max. 185 km/h
Hubraum in ccm:	6964
Leistung in PS/kW:	198/147
Bauzeit:	1977–1985

Cadillac Eldorado

Ein riesiger Motor mit sehr viel Hubraum, dagegen eine nominell hohe Leistung mit mäßiger Spitzengeschwindigkeit. Dafür aber ein Benzinverbrauch von fast 22 Litern auf 100 Kilometer. Nicht deswegen wurde der Frontantriebs-Eldorado berühmt, sondern weil seine offene Version zum vorläufig letzten in Amerika gebauten Cabriolet wurde.

Modell:	Cadillac Eldorado Cabriolet
Motor/Zylinder:	V-Motor/8
Geschwindigkeit:	max. 193 km/h
Hubraum in ccm:	8189
Leistung in PS/kW:	370/272
Bauzeit:	1971–1978

Chevrolet

Heute ist Chevrolet eine Kernmarke des Konzerns General Motors. Begründet wurde die Marke durch den Schweizer Rennfahrer Louis Chevrolet, der 1911 in Detroit eine Autofabrik eröffnete und 1912 als erstes Modell den Classic Six herausbrachte. Seit 1918 gehört Chevrolet zu General Motors. Die Marke steht für Fahrzeuge der oberen Mittelklasse, aber auch – und in Europa vor allem – für die Corvette in ihren vielen Ausführungen. Seit 2005 werden koreanische Fahrzeuge, die früher unter der Marke Daewoo vertrieben wurden, unter dem Markennamen Chevrolet angeboten. In Europa führten die amerikanischen Chevys stets nur ein Nischendasein.

Chevrolet Corvette Stingray (1968–1974)

Auf der Corvette C 3, die 1968 herauskam, tauchte ab 1969 der Namenszug Stingray an der Seite auf. Die Version wurde anfangs stark kritisiert, sie sei zu verspielt und die Verarbeitungsqualität lasse zu wünschen übrig. Die Karosserie aus glasfaserverstärktem Kunststoff schien manchem überzogen. Heute ist diese Corvette ein Klassiker.

Modell:	Chevrolet Corvette Stingray (1971)
Motor/Zylinder:	V-Motor/8
Geschwindigkeit:	max. 227 km/h
Hubraum in ccm:	7446
Leistung in PS/kW:	370/272
Bauzeit:	1968–1974

Chevrolet

Chevrolet Corvette (1978–1982)

Die überarbeitete Corvette C 3 von 1978 reflektierte ein neues Umwelt- und Preisbewusstsein in der Folge der Energiekrise von 1972/73. An die Stelle der senkrecht stehenden Heckscheibe mit ihrer „Wirbelkammer" war eine gefälligere Glaskuppel getreten. Die Motorisierung wurde „zahm", die Leistungen gezügelt; dennoch wurde das Modell erfolgreich verkauft.

Modell:	Chevrolet Corvette (1982)
Motor/Zylinder:	V-Motor/8
Geschwindigkeit:	max. 200 km/h
Hubraum in ccm:	5733
Leistung in PS/kW:	203/149
Bauzeit:	1978–1982

Chevrolet Impala

Der Impala war bis 1960 durch geradezu absurd anmutende Heckflossen aufgefallen. Danach zog man die Schwingen etwas ein, die Form wirkte gestreckter, sachlicher. Der Impala von 1965 war erneut überarbeitet worden; Flossen waren kein Thema mehr, im Gegenteil, die Heckpartie knickte optisch leicht nach unten ab.

Modell:	Chevrolet Impala (1967)
Motor/Zylinder:	Reihenmotor/6
Geschwindigkeit:	max. 150 km/h
Hubraum in ccm:	4073
Leistung in PS/kW:	157/115
Bauzeit:	1965–1970

Chevrolet Camaro

Mit dem Chevrolet Camaro belebte sich das Sportwagengeschäft bei General Motors; das Gefährt wurde gegen den Ford Mustang in Stellung gebracht. Gebaut wurde er auf der Chevrolet Nova-Plattform von 1966. Die Camaros konnten als Coupés oder als Cabrios geordert werden.

Modell:	Chevrolet Camaro SS (1968)
Motor/Zylinder:	Reihenmotor/6
Geschwindigkeit:	max. 170 km/h
Hubraum in ccm:	4093
Leistung in PS/kW:	157/115
Bauzeit:	1967–1970

Chevrolet Caprice

Das Vorgängermodell Chevrolet Caprice Serie 166 entstand 1966 als Luxusversion des Impala und ist in die gehobene Mittelklasse einzuordnen. Das Modell wurde über einen langen Zeitraum gefertigt und immer wieder Veränderungen unterworfen. Bekannt geworden sind die Caprice-Modelle auch als Einsatzfahrzeuge der Polizei.

Modell:	Chevrolet Caprice Classic (1973)
Motor/Zylinder:	V-Motor/8
Geschwindigkeit:	max. 185 km/h
Hubraum in ccm:	5001
Leistung in PS/kW:	172/127
Bauzeit:	1971–1976

Chevrolet Camaro

Der Camaro IROC Z – so benannt nach der Rennserie International Race of Champions – gehört zur dritten Generation der Chevrolet Camaros und kam 1985 heraus. Das Fahrwerk war sportlicher abgestimmt und der Fünfliter erhielt eine Tune-Port-Einspritzanlage, die auch die Corvette hatte.

Modell:	Chevrolet IROC Z (1985)
Motor/Zylinder:	V-Motor/8
Geschwindigkeit:	max. 222 km/h
Hubraum in ccm:	5041
Leistung in PS/kW:	191/141
Bauzeit:	1981–1993

Chevrolet Camaro Z 28

Die zweite Generation der Camaros erlebte eine Reihe neuer Sicherheitsvorschriften, die sich in konstruktiven Details auswirkten. Sie erlebte auch lang andauernde Streiks in Detroit. Der Z 28 wurde 1975/76 nicht produziert; die überarbeitete Form, die 1977 wieder ins Programm kam, erfreute sich aber sofort großer Beliebtheit.

Modell:	Chevrolet Camaro Z 28 (1972)
Motor/Zylinder:	V-Motor/8
Geschwindigkeit:	max. 191 km/h
Hubraum in ccm:	5733
Leistung in PS/kW:	259/190
Bauzeit:	1970–1981

Citroën

Citroën ist neben Renault und Peugeot der dritte große (und drittgrößte) französische Autobauer. Das Unternehmen geht auf André Citroën (1878–1935) zurück. Citroën beschäftigte sich zunächst mit der Zahnradfertigung in Pfeilverzahnung – daher rührt auch die Doppelzacke des Firmenlogos – und stieg 1915 in die Kriegsproduktion ein. Nach dem Krieg baute Citroën den „Typ A" – das erste in Großserie gebaute Auto Europas. 1934 baute man den ersten frontgetriebenen, auf selbsttragender Ganzstahlkarosse aufgebauten Wagen, „Traction Avant". Nach dem Zweiten Weltkrieg schuf Citroën Modelle, die Legende wurden. 1975 wurde Citroën von Peugeot aufgekauft, beide Unternehmen bilden seither den PSA-Konzern.

Citroën 2 CV

Bei der Vorstellung des späteren Kultautos im Oktober 1948 schrieb ein Satiremagazin: „Eine Konservendose, Modell freies Campen für vier Sardinen." Der Legende nach war der 2 CV für die Landbevölkerung konzipiert. Hineinpassen sollten zwei Bauern in Gummistiefeln und ein Sack Kartoffeln. Die anfangs spartanische Ausstattung wurde später angepasst, ging aber nie über das Nötigste hinaus.

Modell:	Citroën 2 CV AZ
Motor/Zylinder:	Boxermotor/2
Geschwindigkeit:	max. 70–80 km/h
Hubraum in ccm:	424
Leistung in PS/kW:	12/9
Bauzeit:	1960–1990

Citroën 2 CV
Charleston-Ente

In den Achtzigerjahren kam neuer Schick über die Enten. Von den zweifarbigen Versionen waren die gelb-schwarzen Charlestons, anders als die rot-schwarzen und grau-schwarzen Versionen, anfangs am wenigsten beliebt. Nur wenige entgingen zwischenzeitlich der Verschrottung; sie sind begehrte Sammelobjekte.

Modell:	Citroën 2 CV Charleston
Motor/Zylinder:	Boxermotor/2
Geschwindigkeit:	max. 113 km/h
Hubraum in ccm:	602
Leistung in PS/kW:	29/21
Bauzeit:	1981–1990

Citroën 2 CV/3 CV
(AZAM6)

Die Typbezeichnung rührte aus dem französischen Besteuerungssystem her. Diese „Dampf-Pferde" genannte Maßeinheit war nicht mit Hubraum oder PS-Zahl gleichzusetzen, sondern resultierte aus mehreren Leistungsmerkmalen. Das Modell AZAM6 wurde in Belgien für verschiedene Exportmärkte gebaut und in Deutschland als 3 CV vermarktet.

Modell:	Citroën 2 CV AZAM6
Motor/Zylinder:	Boxermotor/2
Geschwindigkeit:	max. 105 km/h
Hubraum in ccm:	602
Leistung in PS/kW:	21/15,5
Bauzeit:	1966–1968

Citroën 2 CV AK400

Bei der Beliebtheit der Ente konnte es nicht ausbleiben, dass auch den Transportbedürfnissen kleiner Gewerbetreibender Rechnung getragen wurde. Mit der „Kastenente" kam ein Kleintransporter des 2 CV auf den Markt, der in der Version AK400 alle Tugenden der Schlichtheit und Wirtschaftlichkeit mitbrachte, für die man die Ente schätzte.

Modell:	Citroën 2 CV AK400
Motor/Zylinder:	Boxermotor/2
Geschwindigkeit:	max. 90 km/h
Hubraum in ccm:	602
Leistung in PS/kW:	29/21
Bauzeit:	1970–1977

Citroën Ami 6

Für Kunden, denen die Ente zu primitiv, aber die DS-Limousine zu teuer war, bot Citroën seit 1961 die kleine Limousine Ami an. Sie basierte auf dem Rahmen des 2 CV; eine Erklärung für das negativ gepfeilte Stufenheck muss man in den Designbüros von Citroën suchen, jedenfalls nicht im Windkanal.

Modell:	Citroën Ami 6
Motor/Zylinder:	Boxermotor/2
Geschwindigkeit:	max. 112 km/h
Hubraum in ccm:	602
Leistung in PS/kW:	25/18
Bauzeit:	1961–1969

Citroën Ami 8

1969 kam als Nachfolger des Ami 6 der Ami 8 heraus. Anstelle des negativ gepfeilten Stufenhecks wurde nun ein zeitgemäßes Schrägheck konzipiert. Diverse technische Verbesserungen machten deutlich, was die alte CV-2-Basis noch alles hergab. Die in Frankreich Break benannte Kombiversion war besonders beliebt.

Modell:	Citroën Ami 8 Break
Motor/Zylinder:	Boxermotor/2
Geschwindigkeit:	max. 120 km/h
Hubraum in ccm:	602
Leistung in PS/kW:	32/23,5
Bauzeit:	1969–1978

Citroën Dyane 6

Die Dyane – die Typbezeichnung spielte auf die Jagdgöttin Diana an – sollte eigentlich die „Ente" ablösen. Dazu kam es nicht. Die Dyane fuhr eine Reihe von Jahren neben der 2-CV-Ente; die Motoren der Dyane wurden nach und nach auch der Ente gegönnt: Der 602-cmm-Motor aus dem Ami 6 leistete zunächst 24,5, später 28 und ab 1970 dann 32 PS.

Modell:	Citroën Dyane 6
Motor/Zylinder:	Boxermotor/2
Geschwindigkeit:	max. 105 km/h
Hubraum in ccm:	602
Leistung in PS/kW:	32/23,5
Bauzeit:	1968–1983

Citroën

Citroën 6 Méhari

Auf der Plattform des 2 CV bzw. der Dyane wurde 1968 ein leichter Geländewagen vorgestellt. Der Frontantriebler mit dem Zweizylinder-Boxermotor war sicher eher ein Freizeitmobil als ein echter Geländewagen. Immerhin konnte man damit an Frankreichs langen Küsten direkt bis an den Strand fahren.

Modell:	Citroën 6 Méhari
Motor/Zylinder:	Boxermotor/2
Geschwindigkeit:	max. 120 km/h
Hubraum in ccm:	602
Leistung in PS/kW:	32/23,5
Bauzeit:	1968–1988

Citroën SM

Aus der Kooperation mit dem italienischen Autobauer Maserati entstand 1970 der Citroën SM. Das schnittige Coupé hatte eine extrem windschlüpfrige Karosserie und die vom DS bekannte hydropneumatische Federung. So schnell das frontgetriebene Oberklassemodell auch grundsätzlich war, das Beschleunigungsvermögen aus niedrigen Geschwindigkeiten gab Anlass zu Kritik.

Modell:	Citroën SM (1970)
Motor/Zylinder:	DOHC V-Motor/6
Geschwindigkeit:	max. 217 km/h
Hubraum in ccm:	2670
Leistung in PS/kW:	172/127
Bauzeit:	1970–1975

Citroën GS

Der Citroën GS kam 1970 als neues Mittelklassemodell auf die Straße. Die Schrägheckkarosserie wirkte zwar konservativer als die der DS- und SM-Fahrzeuge der Oberklasse, aber revolutionär war die Einführung der hydropneumatischen Federung in Mittelklassefahrzeuge. Für kurze Zeit wurde das Modell auch mit Zweischeiben-Wankelmotor angeboten.

Modell:	Citroën GS
Motor/Zylinder:	Boxermotor/4
Geschwindigkeit:	max. 148 km/h
Hubraum in ccm:	1015
Leistung in PS/kW:	54/40
Bauzeit:	1970–1986

Citroën CX

1975 traten die CX-Modelle das Erbe der legendären DC-Wagen in der gehobenen Mittelklasse an. Die hydropneumatische Federung erlaubte eine sehr hohe Nutzlast (bis 700 kg), sodass die Kombimodelle auch als Schnelltransporter verwendet wurden. Das Modell Prestige mit verlängertem Radstand befand sich auch im Fuhrpark Erich Honeckers.

Modell:	Citroën CX Prestige
Motor/Zylinder:	Reihenmotor/4
Geschwindigkeit:	max. 185 km/h
Hubraum in ccm:	2347
Leistung in PS/kW:	116/86
Bauzeit:	1975–1988

Citroën CX GTi Turbo

Die Spitzenversion der ersten CX-Baureihe von Citroën erschien 1984 in Form eines GTi-Modells, das nur bis 1985 in ca. 5000 Einheiten produziert wurde. Ein Fahrzeug, das einfach auf die Überholspur gehörte (und dort auch meistens zu finden war). 1985 wurden diese Fahrzeuge von den CX-Modellen der zweiten Baureihe (mit veränderter Karosserie) abgelöst.

Modell:	Citroën CX GTi Turbo
Motor/Zylinder:	Reihenmotor/4
Geschwindigkeit:	max. 208 km/h
Hubraum in ccm:	2500
Leistung in PS/kW:	168/124
Bauzeit:	1984–1985

Citroën CX Break

Der CX in der Kombiversion – in Frankreich Break genannt – war besonders beliebt und erfolgreich. Die hohe Zuladungsfähigkeit und die Weichheit der hydropneumatischen Federung erlaubten den Einsatz als Krankenwagen. Familiale-Versionen waren mit zusätzlicher Rückbank ausgestattet und nahmen sieben bis acht Personen auf.

Modell:	Citroën CX 20 Familiale
Motor/Zylinder:	Reihenmotor/4
Geschwindigkeit:	max. 165 km/h
Hubraum in ccm:	1995
Leistung in PS/kW:	107/79
Bauzeit:	1974–1991

Citroën

Dacia

Als 1969 die ersten Dacia 1300 aus den Hallen in Pitesti rollten, sahen die Fahrzeuge nicht zufällig dem Renault 12 zum Verwechseln ähnlich, sie waren eine kaum veränderte Lizenzversion des französischen Vorbildes. Zuvor waren in der neu gebauten rumänischen Fabrik Einzelteile des Renault 8 zum Dacia 1100 montiert worden. Seit 1975 wurden auf Basis des Dacia 1300 auch Nutzfahrzeuge, zumeist Pick-ups, hergestellt, bis zur Produktionseinstellung insgesamt 320.000 Einheiten. Als 1978 der Lizenzvertrag mit Renault auslief, entwickelte Rumänien den Dacia selbstständig weiter, ohne dass der Dacia 1310 (1983–1989) seine Herkunft verleugnen konnte.

Dacia 1300/1310

Der Lizenzbau des Dacia 1300 begann fast gleichzeitig mit dem Serienanlauf des Renault 12 in Frankreich. Die Limousinenversion wurde auch in die DDR geliefert. Was als eine interessante Alternative zu sowjetischen und tschechischen Viertaktern erschien, erwies sich oft als „Gangster im Frack". Die Verarbeitung war oft so mangelhaft, dass Fahrzeuge an den IFA-Vertrieb zurückgegeben wurden.

Modell:	Dacia 1300
Motor/Zylinder:	Reihenmotor/4
Geschwindigkeit:	max. 140 km/h
Hubraum in ccm:	1289
Leistung in PS/kW:	54/40
Bauzeit:	1969–1982

Dacia

DAF

Der niederländische Autobauer DAF, hervorgegangen aus Van Doornes Aanhangwagenfabrieken, baute neben LKWs von 1959 bis 1975 auch PKWs. Es begann 1959 mit dem DAF 600. Typisch für alle DAFs seither: die stufenlose Kraftübertragung mittels Riemenscheiben, „Variomatic". Sie „schaltete" stufenlos mit Zentrifugalkräften, die vom Sog aus dem Ansaugtrakt verstärkt wurden. Kurios und einzigartig: Ließ man bei Höchstgeschwindigkeit das Gaspedal langsam los, erhöhte sich die Geschwindigkeit, weil die konische Riemenscheibe in eine Position mit höherer Übersetzung gesaugt wurde. Volvo übernahm 1973 ein Drittel der Anteile und 1975 DAF vollständig.

DAF 33

Mit dem DAF 33 stellte der niederländische Autobauer einen Kleinwagen auf die Räder, der eine Fortentwicklung des ersten Modells DAF 600 war. Bekannt wurde das Fahrzeug als Daffodil. Nachdem aber der DAF 44 eingeführt worden war, wurde das Daffodil ins sachlichere DAF 33 umbenannt. Die Karosserie wurde dezent überarbeitet, die Leistung des Motors stieg von 19 auf 32 PS.

Modell:	DAF 33 de luxe (1972)
Motor/Zylinder:	Boxermotor/2
Geschwindigkeit:	max. 113 km/h
Hubraum in ccm:	746
Leistung in PS/kW:	32/24
Bauzeit:	1967–1974

DAF 44

Mit dem DAF 44 wurden die Kompakten von DAF wesentlich attraktiver. Giovanni Michelotti zeichnete für den Karosserieentwurf verantwortlich. Das Fahrzeug wirkte gestreckter, war auch tatsächlich 23 cm länger als der DAF 33. Der Motor mit größerem Hubraum brachte auch ein paar PS mehr Leistung.

Modell:	DAF 44 (1966)
Motor/Zylinder:	Boxermotor/2
Geschwindigkeit:	max. 125 km/h
Hubraum in ccm:	844
Leistung in PS/kW:	35/25
Bauzeit:	1966–1975

DAF 55 Limousine

Mit dem DAF 55 verabschiedete sich DAF vom Boxermotor; eingebaut wurde ein Reihenvierzylinder von Renault. Das Karosseriedesign stammte wiederum von Giovanni Michelotti, die Ausstattung war noch etwas komfortabler als beim DAF 44. Ab Herbst 1968 gab es den 55 auch als Kombi. Insgesamt 164.000 Einheiten dieses Fahrzeugs wurden gebaut.

Modell:	DAF 55
Motor/Zylinder:	Reihenmotor/4
Geschwindigkeit:	max. 136 km/h
Hubraum in ccm:	1108
Leistung in PS/kW:	45/33
Bauzeit:	1967–1972

DAF

DAF 55 Marathon

Nach dem erfolgreichen Start des 55er-Modells als Limousine schob DAF schon anlässlich des Genfer Autosalons 1968 eine Coupé-Version – Marathon genannt – nach. Im Coupé arbeitete der gleiche Renault-Motor wie in der Limousine, aber man hatte mittels höherer Verdichtung (10:1 statt 8,5:1) mehr Leistung aus ihm herausgeholt.

Modell:	DAF 55
Motor/Zylinder:	Reihenmotor/4
Geschwindigkeit:	max. 145 km/h
Hubraum in ccm:	1108
Leistung in PS/kW:	64/47
Bauzeit:	1967–1972

DAF 66 Marathon

Der Typ 66 löste 1972 den 55er-DAF ab. Er bekam eine neue Front und eine neue Hinterachse. Auch vom 66er-DAF gab es eine Kombiversion (mit 1,3-Liter-Motor) und ein Marathon-Coupé. Nach der Übernahme durch Volvo wurde der DAF 66 zunächst mit geringen Modifikationen als Volvo 66 weiterproduziert.

Modell:	DAF 66 Marathon
Motor/Zylinder:	Reihenmotor/4
Geschwindigkeit:	max. 150 km/h
Hubraum in ccm:	1289
Leistung in PS/kW:	58/43
Bauzeit:	1973–1975

Daimler (GB)

1891 wurden die ersten von Gottlieb Daimler entwickelten Motoren in Großbritannien in Lizenz gebaut. 1896 wurde in Coventry die britische Daimler Motor Company gegründet. Die Firma lieferte starke Motoren und exklusive Fahrzeuge, Klein-Klein war nicht ihr Business. Daimler-Limousinen dienten der britischen Monarchie zu Repräsentationszwecken – jedenfalls bis 1955, als Queen Elizabeth II. ihre Vorliebe für die Marke Rolls-Royce durchsetzte. Nachdem Jaguar 1960 die Daimler Motor Company gekauft hatte, goutierte auch das Königshaus die Marke wieder.

Daimler DS 420

1968 rollte der Daimler DS 420 auf die Straße. Er stammte vom Jaguar X ab. Das 5,7 Meter lange Fahrzeug wurde nun auch wieder als Staatskarosse benutzt, namentlich Queen Mum bevorzugte bis zu ihrem Tod 2002 den Daimler.

Modell:	Daimler DS 420
Motor/Zylinder:	Reihenmotor/6
Geschwindigkeit:	max. 175 km/h
Hubraum in ccm:	4235
Leistung in PS/kW:	184/137
Bauzeit:	1968–1992

Daimler (GB)

Daimler Souvereign/ Double Six

Der Souvereign/Double Six glich weniger einem klassischen Daimler als einem Jaguar-Sportwagen. Außer an wenigen Ausstattungsdetails ließ sich kaum noch ein Unterschied zur XJ-Serie von Jaguar ausmachen; schließlich wurden beide Modelle parallel entwickelt.

Modell:	Daimler Souvereign/ Double Six
Motor/Zylinder:	V-Motor/12
Geschwindigkeit:	max. 225 km/h
Hubraum in ccm:	5344
Leistung in PS/kW:	269/200
Bauzeit:	1972–1979

Datsun

Schon 1912 begann in Japan die Produktion in einer Firma, die später Nissan heißen sollte. Die ersten Autos hießen 1925 D.A.T. Nach weiteren Fusionen bekamen die Autos den Namen Datson, woraus später Datsun wurde. 1934 benannte sich die Firma in Nissan Motor Company um; die Fahrzeuge hießen aber weiterhin Datsun. Nach der Katastrophe des Zweiten Weltkriegs begann in den Fünfzigerjahren der Aufstieg des Nissan-Konzerns zu einem Global Player. Aber erst 1972 kamen auch Datsun von Nissan nach Deutschland, nachdem bereits 122 andere Nationen der Welt Nissan/Datsun fuhren.

Datsun 240

Als das Sportcoupé 1973 auch auf den deutschen Markt kam, stieß es auf arrogante Geringschätzung. Schließlich war Deutschland das Ursprungsland des Automobils und man ließ sich doch von Japan kein Coupé vor die Garagentür setzen! Ein schwerer Fehler, denn der 240Z war leistungsstark, gut ausgestattet und solide verarbeitet.

Modell:	Datsun 240Z
Motor/Zylinder:	Reihenmotor/6
Geschwindigkeit:	max. 190 km/h
Hubraum in ccm:	2393
Leistung in PS/kW:	131/96
Bauzeit:	1969–1974

Datsun 260

Für den Datsun 260 verlängerte Nissan 1975 den Radstand um 30 Zentimeter und vergrößerte den Hubraum des Motors. Dennoch sank die Leistung, weil die nach und nach in immer mehr Ländern geforderten Katalysatoren an der Leistung nagten. Die Verlängerung erlaubte aber auch zwei Notsitze auf dem Hinterbänkchen.

Modell:	Datsun 260Z
Motor/Zylinder:	Reihenmotor/6
Geschwindigkeit:	max. 195 km/h
Hubraum in ccm:	2547
Leistung in PS/kW:	129/95
Bauzeit:	1975–1979

Datsun 280

200 ccm mehr Hubraum bescherten dem Datsun 280 zwar 13 PS mehr als dem Vorgängermodell, aber die Fahrleistungen stiegen nicht in der gewünschten Weise. Eine 150-PS-Version erschien 1982, ein Jahr später ein Turbo mit 200 PS, der 230 km/h Spitze lief und auch die sportlichen Fahrer zufriedenstellte.

Modell:	Datsun 280ZX
Motor/Zylinder:	Reihenmotor/6
Geschwindigkeit:	max. 208 km/h
Hubraum in ccm:	2753
Leistung in PS/kW:	142/104
Bauzeit:	1979–1984

De Tomaso

Der Sportwagenhersteller De Tomaso wurde 1959 von Alejandro De Tomaso gegründet, der als Rennfahrer und Einwanderer aus Argentinien seit 1955 Karriere gemacht hatte. De Tomaso baute zunächst Rennwagen und wagte 1962 sogar einen Abstecher in die Formel 1.

Wirklichen Erfolg hatte De Tomaso aber mit seinen Sportwagenmodellen, die den Zeitgeist jener Epoche trafen. Mit einem relativ kleinen Vierzylindermotor war sein Vallelunga von 1965 dank der windschlüpfrigen Kunststoffkarosserie von Ghia 200 km/h schnell. In den Siebzigerjahren kaufte De Tomaso auch die Motorradmarken Moto Guzzi und Benelli. Der Firmengründer De Tomaso starb 2003.

De Tomaso Pantera

Für den Panthersprung rüstete De Tomaso sein 1970 vorgestelltes Modell mit einem noch größeren V8-Motor aus. Der Pantera bot mehr Platz als der Mungo und mit einer Spitze von 280 km/h ging es wirklich sportlich zur Sache. Der Pantera, seit 1990 auch in einer zweiten Serie als Einspritzer produziert, wurde ein kommerzieller Erfolg für den Hersteller.

Modell:	De Tomaso Pantera GT5S (1983)
Motor/Zylinder:	V-Motor/8
Geschwindigkeit:	max. 280 km/h
Hubraum in ccm:	5766
Leistung in PS/kW:	300/223
Bauzeit:	1970–1989

De Tomaso Mangusta

Der Mangusta präsentierte sich in schnittiger Optik und mit südländischem Temperament. Unter dem Blech, das Giorgetto Giugiaro geschneidert hatte, brummte ein amerikanischer Fünfliter-V8 von Ford. Er schleuderte das Geschoss binnen sechs Sekunden aus dem Stand auf 100 km/h. Schneller ging's zu der Zeit kaum.

Modell:	De Tomaso Mangusta
Motor/Zylinder:	V-Motor/8
Geschwindigkeit:	max. 240 km/h
Hubraum in ccm:	4727
Leistung in PS/kW:	305/227
Bauzeit:	1967–1972

De Tomaso Longchamp

Mit dem Longchamp präsentierte De Tomaso 1972 ein komfortables Coupé, das sich scheinbar zwischen Bequemlichkeit und Sportlichkeit, zwischen Aggressivität und Eleganz nicht entscheiden konnte. Setzte er sich damit zwischen die Stühle? Weit gefehlt! Das Modell war lange erfolgreich, trotz der Verarbeitungsmängel, die immer wieder mal kritisiert wurden.

Modell:	De Tomaso Longchamp (1983)
Motor/Zylinder:	V-Motor/8
Geschwindigkeit:	max. 240 km/h
Hubraum in ccm:	5766
Leistung in PS/kW:	300/223
Bauzeit:	1972–1990

De Tomaso

DeLorean

Die Firmengeschichte von DeLorean liest sich wie ein Kapitel aus einer Gangster-Schmonzette. John Zachary DeLorean, ehemaliger Topmanager bei GM, gründete seine eigene Firma, um sein Traumauto zu bauen. Von der britischen Regierung sammelte er Subventionsmillionen ein mit dem Versprechen, in Nordirland Arbeitsplätze zu schaffen. Amerikanische Investoren kö-

derte er mit der angeblichen Alleinstellung seines Autos. Vor Serienbeginn lagen bereits 20.000 Bestellungen vor. Dann erwischte ihn die Automobilkrise der frühen Achtziger. DeLorean soll angeblich versucht haben, mit Drogengeld das Auto zu retten (im anschließenden Prozess wurde er freigesprochen). Nach 8600 Einheiten ging die Firma in Konkurs und alles Geld war verbrannt.

DeLorean DMC-12

DMC-12 heißt: eine Karosserie aus gebürstetem Edelstahl, eine aufwendige Flügeltürkonstruktion, die nicht richtig funktionierte. Und schließlich „Zurück in die Zukunft". Das Pleiteauto DMC-12 war so unbekannt, dass die Filmemacher es als futuristische Zeitmaschine verwenden konnten. Danach tauchte es noch in vielen Filmen, Serien und Videospielen auf.

Modell:	DeLorean DMC-12
Motor/Zylinder:	V-Motor/6
Geschwindigkeit:	max. 209 km/h
Hubraum in ccm:	2849
Leistung in PS/kW:	132/97
Bauzeit:	1981–1982

Ferrari

Ferrari ist mit Sicherheit jedem ein Begriff, der jemals ein Lenkrad in der Hand gehalten hat. Seit 1946 sind die Fahrzeuge mit dem springenden Pferd im Wappen ein Inbegriff für exklusives Fahrvergnügen, das Luxus mit Sportlichkeit verbindet. Enzo Ferrari (1898–1988) behielt auch das Sagen, als die Marke Teil des FIAT-Konzerns wurde. Von Anfang an spielte der Rennsport eine überragende Rolle für Ferrari – schon der erste „echte Ferrari" bewährte sich bei den Mille-Miglia-Rennen. Ferraris schrieben in der Formel 1 Rennsportgeschichte. Und aus der Rennsportabteilung färbten nicht nur Ruhm und Ehre auf die Marke ab, sondern auch technische Innovationen.

Ferrari 365 GTB/4 „Daytona"

Mit der Zahl 365 bezeichnete Ferrari eine Serie von Zwölfzylinder-Modellen mit 4,4 l Hubraum. Da jeder einzelne Zylinder auf rund 365 ccm kam, gab das der Serie den Namen. Mit dem Daytona schuf Ferrari zweifellos einen Klassiker hinsichtlich Formgestaltung und Fahrleistung – den letzten Sportwagen mit Zwölfzylinder-Frontmotor.

Modell:	Ferrari 365/4 GTB
Motor/Zylinder:	DOHC V-Motor/12
Geschwindigkeit:	max. 280 km/h
Hubraum in ccm:	4390
Leistung in PS/kW:	352/262
Bauzeit:	1968–1973

Ferrari 365 GTC/4

Mit dem 365 GTC schuf Ferrari zum Daytona ein elegantes Coupé, das ein wenig mehr Luxus ausstrahlte und aus dem Zwölfzylinder des Daytona eine etwas moderatere Leistung herausholte, was unter anderem an der etwas geringeren Verdichtung (8,8:1 gegenüber 9,3:1 beim Daytona) lag. Nur 500 Exemplare dieses Luxus-Coupés wurden gebaut.

Modell:	Ferrari 365 GTC/4
Motor/Zylinder:	DOHC V-Motor/12
Geschwindigkeit:	max. 240 km/h
Hubraum in ccm:	4390
Leistung in PS/kW:	320/238
Bauzeit:	1971–1972

Ferrari 365 GT/4 2+2

Der 365 GT/4 2+2 war die noble Geschäfts- und Reiselimousine, die sich neben den sportlicheren Modellen etablierte. 1976 löste das Modell 400 den Vorgänger nahtlos ab – zum ersten Mal mit optionalem Automatik-Getriebe. Die Zahl 4 in der Typbezeichnung verweist bei den 365ern übrigens auf die vier oben liegenden Nockenwellen (je zwei pro Zylinderreihe).

Modell:	Ferrari 365 GT/4 2+2
Motor/Zylinder:	DOHC V-Motor/12
Geschwindigkeit:	max. 240 km/h
Hubraum in ccm:	4390
Leistung in PS/kW:	340/254
Bauzeit:	1972–1975

Ferrari Dino 206 GT/ 246 GT

Nach einer kleinen Serie des Modells 206 ging 1969 der erstarkte und ausgereifte Dino 246 GT an den Start. Der Rennsportwagen mit Mittelmotor, dessen Aggregat zu 198 PS Leistung auflief, wurde besonders durch die TV-Serie „Die Zwei" bekannt. Dino war eigentlich eine selbstständige Tochtermarke von Ferrari, aber viele Ferraristi rüsteten ihre Dinos mit dem springenden Pferd nach.

Modell:	Ferrari Dino 246 GT
Motor/Zylinder:	DOHC V-Motor/6
Geschwindigkeit:	max. 235 km/h
Hubraum in ccm:	2419
Leistung in PS/kW:	198/145
Bauzeit:	1969–1973

Ferrari Dino 308 GT/4

Auf der Basis des Sechszylinder-Dino wurde 1973 das Achtzylinder-Modell vorgestellt. Mit ihren 255 PS machte die Drei-Liter-Maschine das Fahrzeug mindestens 240 km/h schnell. Dennoch wurden nicht mehr als knapp 3000 Fahrzeuge verkauft – die letzten dieser Serie bekamen offiziell auch wieder das springende Pferd aufs Blech.

Modell:	Ferrari Dino 308 GT/4
Motor/Zylinder:	DOHC V-Motor/8
Geschwindigkeit:	max. 240 km/h
Hubraum in ccm:	2927
Leistung in PS/kW:	255/190
Bauzeit:	1973–1979

Ferrari

Ferrari 308/328

Ferraris Hausdesigner Pininfarina war für den Schnitt dieses zeitlos klassischen Modells Typ 308 verantwortlich, das auf dem Pariser Autosalon 1975 vorgestellt wurde. Dem Mittelmotor-Sportwagen folgte 1985 die Version 328, die in der höchsten Motorisierung über 260 km/h schnell war.

Modell:	Ferrari 328 GTS (1986)
Motor/Zylinder:	DOHC V-Motor/8
Geschwindigkeit:	max. 263 km/h
Hubraum in ccm:	3186
Leistung in PS/kW:	270/201
Bauzeit:	1976–1989

Ferrari Testarossa

Der Testarossa war der Held der Achtziger-jahre. Sein Ruhm ist verbunden mit dem Auftritt in der TV-Serie „Miami Vice". Aber so schnell, wie die Schulterpolster aus der Mode kamen, verblasste auch der Ruhm des überladen wirkenden Testarossa. Spekulan-ten, die mit hohen Wertzuwächsen gerech-net hatten, sahen sich stattdessen mit dra-matischen Wertverlusten konfrontiert.

Modell:	Ferrari Testarossa (1980)
Motor/Zylinder:	DOHC Boxermotor/12
Geschwindigkeit:	max. 275 km/h
Hubraum in ccm:	4942
Leistung in PS/kW:	390/287
Bauzeit:	1984–1991

Ferrari Mondial T

Als Nachfolger des von Bertone entworfe-nen 308 GT/4 kam 1980 der wieder von Pi-ninfarina geschneiderte Mondial 8 auf die Straße. Technisch basierte er auf dem 308 GTB. Als erster schadstoffarmer Einspritzer von Ferrari blieb seine Leistung mit 217 PS aber unter den Erwartungen. 1982 löste ihn der Mondial Quattrovalvole (mit Vierventil-technik) ab. Im Mondial wurde ab 1989 der Motor längs (transversal) eingebaut und das Modell hieß nun entsprechend Mondial T.

Modell:	Ferrari Mondial T
Motor/Zylinder:	DOHC V-Motor/8
Geschwindigkeit:	max. 255 km/h
Hubraum in ccm:	3405
Leistung in PS/kW:	295/217
Bauzeit:	1989–1993

Ferrari

FIAT

Die Fabbrica Italiana Automobili Torino (FIAT) wurde 1899 in Turin gegründet. Im ersten Geschäftsjahr stellte man ungefähr 20 Automobile her. Schon vor dem Ersten Weltkrieg begann man mit der Großserienfertigung und stieg auch in den Rennsport ein. Nach dem Zweiten Weltkrieg leistete FIAT einen wesentlichen Beitrag zu Massenmotorisierung in Italien. Bemerkenswert: Lizenzgeschäfte mit der Sowjetunion bescherten im Gegenzug FIAT schnell rostenden sowjetischen Stahl, der den Ruf der italienischen Fahrzeuge schädigte. Zur Autosparte von FIAT gehören außerdem die Marken Lancia und Alfa Romeo sowie – als selbstständige Unternehmen – Ferrari und Maserati.

FIAT 500 Nuova

500er waren schon immer ein besonderes Standbein von FIAT. Der herzige Topolino (1936–1948) wurde zur Legende. Die vierte Neuauflage des Topolino als 500 Nuova kam 1957 heraus und erreichte dank mancher Modellpflegemaßnahmen eine Produktionszeit von 18 Jahren. Der im Heck eingebaute Zweizylinder-Viertaktmotor lieferte anfangs 13, zuletzt 22 PS.

Modell:	FIAT 500 F
Motor/Zylinder:	Reihenmotor/2
Geschwindigkeit:	max. 100 km/h
Hubraum in ccm:	499
Leistung in PS/kW:	18/13
Bauzeit:	1965–1972

FIAT 600

Der FIAT 600 war der 500er-Knutschkugel eng verwandt und in den Fünfziger- und Sechzigerjahren für den Erfolg der Marke FIAT wesentlich verantwortlich. Dank anhaltender Modellpflege wurde der 600 von 1955 bis 1973 gebaut. Bemerkenswert das Derivat „Multipla", das die Mini-Vans der heutigen Zeit lange vorwegnahm.

Modell:	FIAT 600
Motor/Zylinder:	Reihenmotor/4
Geschwindigkeit:	max. 100 km/h
Hubraum in ccm:	633
Leistung in PS/kW:	29/21
Bauzeit:	1955–1973

FIAT 850

Auch der FIAT 850, 1964 auf dem Turiner Autosalon erstmals präsentiert, blieb dem Heckmotorprinzip weiter treu. Das Modell sollte als obere Ergänzung zum Modell 600 dienen; es handelte sich um keine durchgreifende Neuentwicklung, sondern um eine konsequente Weiterführung des 500er- und 600er-Konzepts.

Modell:	FIAT 850
Motor/Zylinder:	Reihenmotor/4
Geschwindigkeit:	max. 121 km/h
Hubraum in ccm:	843
Leistung in PS/kW:	34/25
Bauzeit:	1964–1974

FIAT 850 Coupé

Ein Jahr nach der Limousine (in Italien Berlina genannt) erschien das Coupé. Obwohl man sich natürlich aus der Limousinen-Großserie bediente, erwies sich das Coupé nicht nur als ansehnlich, sondern auch als technisch gelungen. Immerhin bis zu 145 km/h Fahrleistung ließen sich aus ihm herausholen.

Modell:	FIAT 850 Coupé
Motor/Zylinder:	Reihenmotor/4
Geschwindigkeit:	max. 145 km/h
Hubraum in ccm:	903
Leistung in PS/kW:	52/38
Bauzeit:	1965–1873

FIAT 850 Spider

Der kleine 850 Spider entsprach dem Lebens- und Fahrgefühl seiner Zeit. Unter einem von Bertone völlig eigenständig geschnittenen Blechkleid arbeitete die Technik des 850er-Coupés. Mittels eines Hardtops, das angeboten wurde, konnte man den Spider allerdings auch schnell in ein Coupé verwandeln.

Modell:	FIAT 850 Spider
Motor/Zylinder:	Reihenmotor/4
Geschwindigkeit:	max. 152 km/h
Hubraum in ccm:	903
Leistung in PS/kW:	52/38
Bauzeit:	1965–1973

FIAT 2300 Coupé/ 2300 S Coupé

Auf der Basis der großen Mittelklasse-Limousine FIAT 2300, dem Nachfolgemodell des 2100, entwarf Ghia 1961 auch ein Coupé. Es erregte zwar Aufsehen, befriedigte aber hinsichtlich seiner Fahrleistungen nicht und wurde schon 1964 wieder eingestellt. Für das Sondermodell 2300 S Coupé tunte Abarth den Motor, der das Gefährt schließlich fast 200 km/h schnell machte.

Modell:	FIAT 2300 S Coupé
Motor/Zylinder:	Reihenmotor/6
Geschwindigkeit:	max. 195 km/h
Hubraum in ccm:	2279
Leistung in PS/kW:	136/101
Bauzeit:	1961–1968

FIAT 124

Die kleine Mittelklasse-Limousine FIAT 124 war eins der erfolgreichsten Modelle des Turiner Autobauers. 1966 wurde es zum „Auto des Jahres" gekürt und nach 1971, als der 1200 in Togliatti/UdSSR als „Shiguli" bzw. Lada 2101 in Lizenz gebaut wurde, erschien er im Osten als überaus modern und war ein beliebtes Fahrzeug.

Modell:	FIAT 124
Motor/Zylinder:	Reihenmotor/4
Geschwindigkeit:	max. 140 km/h
Hubraum in ccm:	1196
Leistung in PS/kW:	60/44
Bauzeit:	1966–1973

FIAT 124 Spider

Äußerlich schien der 124 Spider mit der eher sachlichen Limousine kaum verwandt. Das Fahrzeug wurde in verschiedenen Motorisierungen angeboten, von bescheidenen 1438 ccm bis zum 2-Liter-Modell. Dem fast gleichzeitig erscheinenden Alfa Romeo Spider nahm FIAT viel Kundschaft weg.

Modell:	FIAT 124 Sport 1600 Spider (1969)
Motor/Zylinder:	DOHC Reihenmotor/4
Geschwindigkeit:	max. 180 km/h
Hubraum in ccm:	1608
Leistung in PS/kW:	111/82
Bauzeit:	1966–1982

FIAT 124 Coupé

Auf der Basis des 124, der 1966 vorgestellt worden war, entwickelte man nicht nur Cabrio-Versionen, sondern auch ein Sportcoupé, das 1967 herauskam. Die Bevorzugung geschlossener Aufbauten schien im Trend der Zeit zu liegen und so hoffte man bei FIAT auf verstärkten Absatz auch in Ländern, die fürs Oben-ohne-Fahren klimatisch weniger prädistiniert waren.

Modell:	FIAT 124 Coupé
Motor/Zylinder:	DOHC Reihenmotor/4
Geschwindigkeit:	max. 164 km/h
Hubraum in ccm:	1438
Leistung in PS/kW:	91/67
Bauzeit:	1967–1976

FIAT Dino 2.4 Spider

Der von Pininfarina gestylte Dino Spider bestach durch elegante und zugleich sportliche Linienführung. Der Leichtmetall-V6-Motor stammte von Ferrari; der Stil des Fahrzeugs sprengte die gewohnten FIAT-Dimensionen. Die starre Hinterachse war mit den 162 PS des 2-Liter-Motors oft überfordert: Für das 2.4-Modell von 1969 ging man daher zur Einzelradaufhängung über.

Modell:	FIAT Dino 2.4 Spider
Motor/Zylinder:	DOHC V-Motor/6
Geschwindigkeit:	max. 210 km/h
Hubraum in ccm:	2419
Leistung in PS/kW:	182/134
Bauzeit:	1969–1972

FIAT Dino 2.4 Coupé

Bertone schuf das Coupé, das zum Spider-Cabriolet von Pininfaria passte. Das Coupé wirkte schnörkellos und dynamisch. Technisch machte das Coupé die gleiche Entwicklung mit wie das Cabrio – auch hier löste Einzelradaufhängung die starre Hinterachse ab und der 2,4-Liter-Motor die 2-Liter-Maschine.

Modell:	FIAT Dino 2.4 Coupé
Motor/Zylinder:	DOHC V-Motor/6
Geschwindigkeit:	max. 209 km/h
Hubraum in ccm:	2419
Leistung in PS/kW:	182/134
Bauzeit:	1969–1972

FIAT 128 Coupé

Der Typ 128 war als Nachfolger des FIAT 1100 eine vollständige Neukonstruktion. Erstmals wurde bei FIAT das Frontmotor/Frontantrieb-Konzept umgesetzt. Auch das Coupé, das zwei Jahre nach der Limousine zunächst mit 1116-ccm-Motor, dann mit 1290-ccm-Motor herauskam, folgte diesem Konzept.

Modell:	FIAT 128 Coupé
Motor/Zylinder:	Reihenmotor/4
Geschwindigkeit:	max. 160 km/h
Hubraum in ccm:	1290
Leistung in PS/kW:	76/56
Bauzeit:	1971–1978

FIAT

FIAT 130 Coupé

Die flach und kantig wirkende Silhouette dieses Coupés ist Ausdruck des gestalterischen Stilwillens der frühen Siebzigerjahre. Aber trotz vieler Elogen für das Design und die beachtlichen Fahrleistungen des Sechszylinders fanden sich nicht genügend Kunden und die Produktion wurde nach ca. 5000 Einheiten wieder eingestellt.

Modell:	FIAT 130 Coupé
Motor/Zylinder:	V-Motor/6
Geschwindigkeit:	max. 198 km/h
Hubraum in ccm:	3235
Leistung in PS/kW:	165/123
Bauzeit:	1971–1977

FIAT X 1/9

Auf der Grundlage des FIAT 128 baute Bertone den kleinen X 1/9. Hervorstechendstes Merkmal war der Mittelmotor. Auch die modischen Klappscheinwerfer und das keilförmig wirkende Design verstärkten die sportliche Wirkung. Als 1982 der Vertrieb für FIAT nicht mehr lohnte, baute Bertone den X 1/9 in eigener Regie bis 1987 weiter, bis 1988 der Vertrieb der Modelle endete.

Modell:	FIAT X 1/9
Motor/Zylinder:	Reihenmotor/4
Geschwindigkeit:	max. 169 km/h
Hubraum in ccm:	1290
Leistung in PS/kW:	75/55
Bauzeit:	1972–1988

FIAT Ritmo Cabrio

Als Nachfolger des Modells 128 erschien 1978 der FIAT Ritmo. Auf der Basis dieses Kompaktwagens entstand bei Bertone ein Cabriolet, das – wie das Grundmodell – die Golf-Klasse der Kompakten angriff. Auch beim Ritmo Cabrio dominierte – dem Sicherheitsdenken der Zeit entsprechend – ein massiver Überrollbügel.

Modell:	FIAT Ritmo Cabrio (1981)
Motor/Zylinder:	Reihenmotor/4
Geschwindigkeit:	max. 160 km/h
Hubraum in ccm:	1498
Leistung in PS/kW:	82/60
Bauzeit:	1981–1987

FIAT 127

Der Kleinwagen des Typs 127 hat eine lange Produktionsgeschichte. Der Serienbau begann 1971 und endete – als Lizenzfertigung – erst 1997 in Argentinien. 1971 wurde das Modell „Auto des Jahres" und schnell in aller Welt beliebt. In Spanien lief er als Seat 127 vom Band. In Jugoslawien baute man ihn als Yugo in Lizenz und Griechenland baute eine offene Version des 127 als FIAT 127 Amico.

Modell:	FIAT 127 (1971)
Motor/Zylinder:	Reihenmotor/4
Geschwindigkeit:	max. 140 km/h
Hubraum in ccm:	903
Leistung in PS/kW:	48/35
Bauzeit:	1971–1997

FIAT Panda

1980 rollte der erste, minimalistisch ausgestattete Kleinstwagen auf die Straße: Von seinem Designer Giorgio Giugiaro wurde das Fahrzeug als „Haushaltsgerät auf Rädern" bezeichnet. Die Motorisierung reichte von einem Zweizylinder Twin mit 650 ccm bis zu einem 1,3-Liter Vierzylinder (Diesel) und einem 1,1-Liter Vierzylinder (Benziner) mit 40 kW.

Modell:	FIAT Panda (1986)
Motor/Zylinder:	Reihenmotor/4
Geschwindigkeit:	max. 130 km/h
Hubraum in ccm:	1302
Leistung in PS/kW:	37/27
Bauzeit:	1980–2003

FIAT Ritmo 105 TC

Der FIAT Ritmo 105 TC ist eine besondere Ausstattungsversion des Ritmo, die seit 1981 produziert wurde. Leider war zu dieser Zeit der Rostschutz noch kein bevorzugtes Thema bei den italienischen Autobauern, sodass Fans des 105 TC heute lange auf der Lauer liegen müssen, um eines ihrer Lieblingsstücke „zu schießen".

Modell:	FIAT Ritmo 105 TC
Motor/Zylinder:	Reihenmotor/4
Geschwindigkeit:	max. 170 km/h
Hubraum in ccm:	1585
Leistung in PS/kW:	105/78
Bauzeit:	1981–1988

OLD BANK

BKJ 158Y

FIAT

Ford

Die Ford Motor Company (FMC), 1903 von Henry Ford gegründet, gehört zu den traditionsreichsten und innovativsten Automobilbauern der Welt. Bei Ford wurde zum ersten Mal ein Automobil in Fließbandfertigung hergestellt. Damit schuf Ford die Grundlagen der Massenmotorisierung. Neben dem Bau von PKWs gehören auch Nutzfahrzeuge und Traktoren (anfangs unter dem Namen Fordson) zum Produktionsprogramm. Ford griff bald über die Grenzen der USA hinaus und gründete Niederlassungen zum Beispiel in Großbritannien und in Deutschland. Die Fordwerke in Deutschland gibt es seit August 1925. Sitz von Ford Deutschland ist Köln, wo auch die Zentrale von Ford Europe residiert. Neben der Marke Ford gehören Marken wie Lincoln, Mercury und Shelby zu Ford; seit 1989 waren auch die britischen Traditionsmarken Jaguar und seit 2000 Land Rover (beide 2008 wieder verkauft) und seit 1999 das schwedische Nationalsymbol Volvo Teil des Konzerns.

Ford Escort I

Er trat 1968 auf dem europäischen Markt in seiner Klasse gegen Opel, Volkswagen und FIAT an und musste sich nachsagen lassen, dass die britische Verarbeitungsqualität nicht den Vorstellungen der Kunden entsprach. Aus dem belgischen Genk und im neuen Ford-Werk in Saarlouis kamen zwei- und viertürige Limousinen sowie Kombis mit unterschiedlichen Motorisierungen.

Modell:	Ford Escort I (1968)
Motor/Zylinder:	Reihenmotor/4
Geschwindigkeit:	max. 132 km/h
Hubraum in ccm:	1098
Leistung in PS/kW:	40/30
Bauzeit:	1968–1974

Ford Escort RS 2000 (Serie I)

1973, im letzten Modelljahr der ersten Escort-Serie, kam in Deutschland das Topmodell mit 2-Liter-Maschine auf den Markt. Das Fahrzeug war an seiner meist auffälligen Lackierung zu erkennen. Dabei war es durchaus nicht als Rennsportbolide unterwegs, sondern galt als durchaus alltagstauglich.

Modell:	Ford Escort RS 2000
Motor/Zylinder:	Reihenmotor/4
Geschwindigkeit:	max. 177 km/h
Hubraum in ccm:	1993
Leistung in PS/kW:	100/75
Bauzeit:	1973–1974

Ford Escort/Escort RS 2000 (Serie II)

Die höchste Motorisierung brachte der Escort der zweiten Serie mit der 2-Liter-Maschine mit. Die Baureihen wurde komplett von Ford Deutschland entwickelt; dennoch taten sich die Modelle schwer gegen die Konkurrenz von VW Golf und Opel Kadett. Auch dieser Escort wurde als zwei- und viertürige Limousine sowie als Kombi (Turnier) gebaut.

Modell:	Ford Escort
Motor/Zylinder:	Reihenmotor/4
Geschwindigkeit:	max. 178 km/h
Hubraum in ccm:	1993
Leistung in PS/kW:	110/82
Bauzeit:	1975–1980

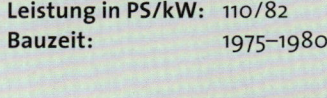

Ford Capri I

1969 wurde der erste Capri auf dem Brüsseler Autosalon vorgestellt. Ford hoffte damit die Erfolge, die man in den USA mit dem Mustang erzielte, auf den europäischen Markt zu übertragen. Man setzte auf unterschiedliche Motorisierungen. In England bevorzugte man Reihen-Vierzylinder (1,3 und 1,6 l), in Deutschland V-Motoren.

Modell:	Ford Capri 1700 GT
Motor/Zylinder:	V-Motor/4
Geschwindigkeit:	max. 155 km/h
Hubraum in ccm:	1699
Leistung in PS/kW:	75/55
Bauzeit:	1969–1972

Ford Capri II

Uwe Bahnsen, der bekannte deutsche Auto-Designer, war für das Design aller Baureihen des Capri verantwortlich. Nach einem Facelifting des 73er-Modelljahres wurde 1974 der überarbeitete Capri vorgestellt. Technisch entsprach er im Wesentlichen dem Vorgängermodell. Seit 1976 standen auch 2- und 3-Liter-Motoren zur Verfügung.

Modell:	Ford Capri II 3000 (seit 1976)
Motor/Zylinder:	V-Motor/6
Geschwindigkeit:	max. 198 km/h
Hubraum in ccm:	2994
Leistung in PS/kW:	138/103
Bauzeit:	1974–1978

Ford Capri III

Der Ford Capri III wurde 1978 vorgestellt. Auffallend waren der neue Kühlergrill, runde Doppelscheinwerfer, die herabgezogene Motorhaube und neu gestaltete Rückleuchten. 1981 kamen der neue Sechszylinder-Einspritzmotor (160 PS) und der Capri Turbo (188 PS) heraus. Letzterer war auf 200 Exemplare limitiert und leistete 215 km/h Spitzengeschwindigkeit.

Modell:	Ford Capri III 2.0
Motor/Zylinder:	Reihenmotor/4
Geschwindigkeit:	max. 180 km/h
Hubraum in ccm:	1993
Leistung in PS/kW:	101/74
Bauzeit:	1978–1986

Ford Taunus (TC)

Mit dem Typnamen Taunus hatte Ford Deutschland in den Fünfzigerjahren Furore gemacht. Der gute Klang dieses Namens sollte sich auch bei den Modellen mit dem Werkscode „TC" bewähren, der auch Knudsen-Ford genannt wurde, weil der damalige Ford-Manager Semon E. Knudsen das Design des Fahrzeugs stark beeinflusste.

Modell:	Ford Taunus (TC)
Motor/Zylinder:	Reihenmotor/4
Geschwindigkeit:	max. 150 km/h
Hubraum in ccm:	1592
Leistung in PS/kW:	72/53
Bauzeit:	1970–1975

Ford Taunus (Serie II)

1976 kam der überarbeitete Taunus II als Nachfolger des sogenannten Knudsen-Taunus heraus. Mehrere Motorisierungen waren erhältlich: Vierzylinder von 1,3 bis 2 Liter und Sechszylinder mit 2,0 und 2,3 Liter. 1979 wurde der Taunus das letzte Mal überarbeitet und 1982 vom Sierra abgelöst.

Modell:	Ford Taunus II 1600 S (1977)
Motor/Zylinder:	Reihenmotor/4
Geschwindigkeit:	max. 160 km/h
Hubraum in ccm:	1592
Leistung in PS/kW:	72/53
Bauzeit:	1976–1982

Ford Consul

Mit den Modellen Consul und Granada fuhr Ford 1972 in der Mittelklasse. Der Consul kann als Basis-Ausführung dieser Modell-Zwillinge gelten, die ansonsten optisch und technisch kaum differieren. Die Motorisierung reichte vom 1700er-Vierzylinder bis zum 3-Liter-V6. Die Ausstattungsvarianten Consul (Einstiegspreis unter 10.000 DM), Consul L und GT waren erhältlich.

Modell:	Ford Consul
Motor/Zylinder:	V-Motor/4
Geschwindigkeit:	max. 136 km/h
Hubraum in ccm:	1699
Leistung in PS/kW:	65/48
Bauzeit:	1972–1975

Ford Granada (Serie I)

Der Ford Granada war das Geschwisterkind des Ford Consul und präsentierte sich als relativ preiswerte Möglichkeit, einen Sechszylinder zu fahren. Anfangs noch mit allerlei blitzenden Chromteilen, später – dem Zeitgeist folgend – mit schwarz mattierten Zierteilen versehen, fuhr der Granada als Limousine und als Coupé.

Modell:	Ford Granada (Serie I)
Motor/Zylinder:	V-Motor/6
Geschwindigkeit:	max. 180 km/h
Hubraum in ccm:	2994
Leistung in PS/kW:	140/103
Bauzeit:	1972–1977

Ford Granada (Serie II)

Der Granada der Serie II war für Ford Deutschland der Höhepunkt einer kompletten Renovierung der Modellpalette. Die barocken Formen, für die Ford oft belächelt wurde, verschwanden, die Silhouette entsprach nun dem aktuellen europäischen Zeitgeschmack. Mit dem Granada fuhr man gut gerüstet in die Achtzigerjahre.

Modell:	Ford Granada (Serie II)
Motor/Zylinder:	Reihenmotor/4
Geschwindigkeit:	max. 178 km/h
Hubraum in ccm:	1993
Leistung in PS/kW:	102/76
Bauzeit:	1975–1980

Ford Fiesta (Serie I)

Im Kleinwagensegment stellte Ford 1976 den Fiesta vor. An diesem Modell sollte Ford sehr viel Freude haben, denn 2008 konnte man schon die siebente Modellgeneration vorstellen. Die Fahrzeuge der ersten Generation kamen als dreitürige Fließhecklimousine und als Kleinlieferwagen heraus.

Modell:	Ford Fiesta S (Serie I)
Motor/Zylinder:	Reihenmotor/4
Geschwindigkeit:	max. 158 km/h
Hubraum in ccm:	1299
Leistung in PS/kW:	67/49
Bauzeit:	1976–1981

Ford (USA)

Henry Ford, geboren 1863, gründete die Ford Motor Company 1903. Schon 1908 hatte er mit dem berühmt gewordenen Modell T (genannt Tin Lizzy) einen phänomenalen Erfolg. Die Massenproduktion von Autos schuf die Grundlage der Massenmotorisierung. Mit der globalen Ausdehnung des Konzerns, besonders nach dem Zweiten Weltkrieg, entstand das Problem der diversifizierten Fertigung und einer Modellpolitik, die sich nach den Bedürfnissen der Herstellerländer richtete. Ford-Modelle in den USA gefielen sich im Schwelgen in Hubraumklassen von fünf bis sieben Litern, mit Sechs- und Achtzylindermotoren, für die es in Europa zwar Bewunderung, aber keinen Markt gab. Es dauerte lange, bis das Umweltbewusstsein und der Ruf nach Effizienz auch in der USA-Autoindustrie ankamen.

Ford Mustang

Das erste „Pony-Car" aus Amerika war sofort ein Volltreffer. Der Mustang setzte die Maßstäbe für diese Fahrzeugklasse. Stilistisch wurden lange Schnauze und relativ kurzes Heck typisch. Und bei den Motoren hieß es ebenfalls: Klotzen, nicht kleckern! Die Spitzenmotorisierung war ein 7-Liter-V8.

Modell:	Ford Mustang (1965)
Motor/Zylinder:	Reihenmotor/6
Geschwindigkeit:	max. 175 km/h
Hubraum in ccm:	3275
Leistung in PS/kW:	122/89
Bauzeit:	1964–1973

Ford Mustang (Serie III)

1979 erschien der Mustang der dritten Baureihe frisch gestylt. Limousinen und Coupés
wurden gebaut. Die Motorenpalette blieb
gegenüber dem Vorgänger fast unverändert. Die Leistung der GT-Version des 5-Liter-
V8 konnte man auf deutschen Autobahnen
wenigstens richtig ausfahren.

Modell:	Ford Mustang GT (1982)
Motor/Zylinder:	V-Motor/8
Geschwindigkeit:	max. 228 km/h
Hubraum in ccm:	4942
Leistung in PS/kW:	228/168
Bauzeit:	1979–1987

Ford Mustang (Serie II)

Nach der ersten Ölkrise sahen Motoren mit
riesigem Hubraum und durchschnittlicher
Leistungsabgabe nicht sehr gut aus. Kleinere und effektivere Motoren waren ange-
sagt, sogar 2,3-Liter-Vierzylindermotoren
fanden den Weg unter Mustang-Hauben.
Die Spitzenmotorisierung lag jetzt noch bei
4942 ccm.

Modell:	Ford Mustang Ghia (1978)
Motor/Zylinder:	V-Motor/8
Geschwindigkeit:	max. 190 km/h
Hubraum in ccm:	4942
Leistung in PS/kW:	141/104
Bauzeit:	1973–1979

GAZ

Die Firma Gorkowski Awtomobilny Sawod wurde 1932 in Gorki (zuvor und
heute wieder Nishni Nowgorod) gegründet. Das Unternehmen ging auf
einen Lizenzvertrag mit Ford zurück
und sollte die Motorisierung der Sowjetunion wesentlich voranbringen. Neben PKWs wurden vor allem Lastwagen und Militärfahrzeuge gebaut. Nach
dem Zweiten Weltkrieg produzierte
GAZ Mittel- und Oberklasselimousinen
für Behörden und Funktionsträger. Für
die Namen sowjetischer bzw. russischer

Unternehmen und Fahrzeugtypen gibt
es unterschiedliche Methoden der Transkription. Sehr verbreitet ist die engli-
sche Transkription, bei der das „Z" dem
weich gesprochenen russischen „S" entspricht.

GAZ M21 Wolga

Als Ablösung des unmittelbar nach dem
Zweiten Weltkrieg mit Technik und auf Basis
des deutschen Opel Kapitän gebauten GAZ
M20 Pobjeda (russ. „Sieg") erschien 1959 der
M21 Wolga. Er diente im Herstellungsland
ebenso wie im ganzen Ostblock als Behör-
denfahrzeug, Funktionärslimousine und als
Taxi. In Privathand gelangten die Fahrzeuge
selten.

Modell:	GAZ M21 Wolga (1970)
Motor/Zylinder:	Reihenmotor/4
Geschwindigkeit:	max. 135 km/h
Hubraum in ccm:	2445
Leistung in PS/kW:	86/64
Bauzeit:	1959–1971

GAZ M31 Wolga

Der Wolga der dritten Generation kam zu spät, um im Ostblock noch große Verbreitung zu finden. Er kam ursprünglich als Luxusversion des M24 Wolga heraus und war für den Export in die Bruderländer gar nicht vorgesehen. Frontpartie und Innenraum waren verändert worden. Er löste schließlich den M24 ab.

Modell:	GAZ 3102 Wolga
Motor/Zylinder:	Reihenmotor/4
Geschwindigkeit:	max. 150 km/h
Hubraum in ccm:	2445
Leistung in PS/kW:	100/74
Bauzeit:	1982–1997

GAZ M24 Wolga

Als Nachfolger des weit verbreiteten M21 erschien 1970 der M24. Anstelle des Dreiganggetriebes beim Vorgängermodell verfügte er über ein Vierganggetriebe. Tausende Fahrzeuge dieser Art liefen bei den Taxibetrieben der DDR. Sie wurden Mitte der Achtzigerjahre fast komplett auf Erdgas umgestellt.

Modell:	GAZ M2410 Wolga (1985)
Motor/Zylinder:	Reihenmotor/4
Geschwindigkeit:	max. 150 km/h
Hubraum in ccm:	2445
Leistung in PS/kW:	100/74
Bauzeit:	1970–1990

GAZ 14 Tschaika

Seit 1977 wurde das neue Modell des Tschaika, der GAZ 14, produziert. Technisch kam er kaum über das Vorgängermodell hinaus, die Leistungssteigerung war marginal, aber Karosserie und Innenausstattung entsprachen dem Geschmack der Siebzigerjahre und damit erfüllte das Fahrzeug seinen Zweck als Karosse der gehobenen Nomenklatura.

Modell: GAZ 14
Motor/Zylinder: V-Motor/8
Geschwindigkeit: max. 175 km/h
Hubraum in ccm: 5526
Leistung in PS/kW: 220/162
Bauzeit: 1977–1990

GAZ 13 Tschaika

Die Tschaikas wurden als Luxuslimousinen der obersten Funktionärsschicht im Ostblock berühmt. In der Honecker-Ära wurden die aufwendigen Nobelkarossen ausgemustert; Honecker bevorzugte einen extra verlängerten Volvo. Hernach kamen einige Tschaikas in Privathand und die DEFA drehte sogar einen Film über einen Tschaika-Besitzer: „Einfach Blumen aufs Dach" (1979).

Modell: GAZ M13 Tschaika
Motor/Zylinder: V-Motor/8
Geschwindigkeit: max. 160 km/h
Hubraum in ccm: 5526
Leistung in PS/kW: 195/144
Bauzeit: 1959–1981

GAZ

Honda

Die japanische Firma Honda gehört zu den größten Fahrzeug- und Motorenproduzenten in der Welt. Gegenwärtig beschäftigt das Unternehmen ca. 180.000 Mitarbeiter weltweit. Das Technologie-Unternehmen, das außer im Fahrzeugbau auch in der Robotertechnologie und in der Luftfahrt engagiert ist, wurde 1948 gegründet und trägt den Namen des Firmengründers Soichiro Honda.

Honda hatte einen wesentlichen Anteil an der japanischen Autooffensive, die in den Sechzigerjahren beginnend Europa und den Weltmarkt eroberte. Hondas aktuelle Top-Sportwagen bestimmen die Standards in dieser Klasse mit. Auch das Engagement im Rennsport trug dazu bei, das Markenbewusstsein weltweit zu festigen.

Honda Accord

Mit dem Accord (1976 als zweitüriges Coupé, 1977 als viertürige Limousine) platzierte Honda eines seiner bekanntesten Mittelklassemodelle. Der Accord bestach mit technischem Fortschritt: Frontantrieb, Quereinbau des Motors, Einzelradaufhängung, Servolenkung usw. 1979 erlebte die erste Generation ein Facelifting, bevor sie 1981 von der zweiten Generation abgelöst wurde.

Modell:	Honda Accord (1980)
Motor/Zylinder:	Reihenmotor/4
Geschwindigkeit:	max. 160 km/h
Hubraum in ccm:	1599
Leistung in PS/kW:	81/60
Bauzeit:	1976–1981

Honda Prelude

Zu den bekannten Gesichtern auch auf unseren Straßen gehörte der Honda Prelude. Er wurde besonders in seiner zweiten Generation erfolgreich. Verschiedene technische Neuerungen wurden mit dem Prelude eingeführt – zum Beispiel ein neuer 1,8-Liter-Motor, Vierventiltechnik und Doppelvergaser oder der 2-Liter-DOHC-Motor mit Benzineinspritzung von 1985.

Modell:	Honda Prelude
Motor/Zylinder:	DOHC Reihenmotor/4
Geschwindigkeit:	max. 183 km/h
Hubraum in ccm:	1829
Leistung in PS/kW:	105/77
Bauzeit:	1983–1987

Honda (Civic) CRX 1.6i-16

Der CRX von Honda, auf Basis des Civic, war auf der Frankfurter Automobilausstellung von 1983 ein Star unter den kleinen Sportcoupés. Damals ganz neu und als revolutionäres Design empfunden: Die Stoßfänger waren nicht einfach „angeschraubt", sondern fanden sich vollständig in die Karosserieform integriert wieder. Der CW-Wert galt mit 0,33 als sensationell.

Modell:	Honda (Civic) CRX 1.6i-16
Motor/Zylinder:	DOHC Reihenmotor/4
Geschwindigkeit:	max. 200 km/h
Hubraum in ccm:	1590
Leistung in PS/kW:	127/93
Bauzeit:	1986–1987

IFA

Unter dem Sammelbegriff IFA (Industrievereinigung Fahrzeugbau) wurden in der DDR die Betriebe des Straßenfahrzeugbaus zusammengefasst. Für die PKW-Produktion arbeiteten im Wesentlichen zwei Betriebe: die Automobilwerke Sachsenring in Zwickau, die aus der einstigen Horch-AG hervorgegangen waren, und die Automobilwerke Eisenach, die auf einer traditionsreichen Fabrikationsstätte – hier war der Kleinwagen „Dixi" entstanden – gründeten, die bis 1945 zu BMW gehörte. Eisenach produzierte anfangs weiter den BMW, der seit 1952 als EMW firmierte. Später übernahm Eisenach Herstellung und Weiterentwicklung der DKW F-9-Modelle, aus denen der Wartburg hervorging. Zwickau brach mit dem P-70 die DKW-Entwicklung ab und schuf 1957 den Trabant.

Wartburg 353

Der Wartburg 353 kam 1966 mit neuer Karosserie heraus, basierte technisch aber immer noch auf dem kaum weiterentwickelten Dreizylinder-Zweitaktmotor des F-9, einer DKW-Entwicklung von 1938. Bis zum Produktionsende 1989 erfuhr der Wartburg nur Detailverbesserungen. 1969 erstarkte der Motor des Frontantrieblers immerhin um 5 PS. Dabei blieb es.

Modell:	Wartburg 353/1 (1969)
Motor/Zylinder:	Zweitakt-Reihenmotor/3
Geschwindigkeit:	max. 130 km/h
Hubraum in ccm:	992
Leistung in PS/kW:	50/37
Bauzeit:	1966–1989

Trabant 601

Der Trabant ist zum Inbegriff der Massenmotorisierung in der DDR geworden. Der
Motor wuchs nach dem Serienstart 1957
von 500 auf 600 ccm, die Karosserie wurde
1964 mit der Einführung des 601 in die all-
bekannte, „klassische" Form gebracht, der
Motor wurde 1968 (mit dem werksintern als
P63/P64 kodierten Modell) 3 PS stärker.

Modell:	Trabant 601 (1969)
Motor/Zylinder:	Zweitakt-Reihen-motor/2
Geschwindigkeit:	max. 108 km/h
Hubraum in ccm:	595
Leistung in PS/kW:	26/19
Bauzeit:	1964–1990

Trabant 601 Universal

Die Kombiversion des Trabant hieß Universal. Und universell wurde das Fahrzeug
tatsächlich eingesetzt: Urlauber machten
Camping in speziellen Dachzelten, Dat-
schenbauer transportierten ihr Baumateri-
al und Musiker ihre Instrumente zum Auf-
trittsort. Der Universal war die beliebteste
und begehrteste Trabantversion.

Modell:	Trabant 601 (1969)
Motor/Zylinder:	Zweitakt-Reihen-motor/2
Geschwindigkeit:	max. 105 km/h
Hubraum in ccm:	595
Leistung in PS/kW:	26/19
Bauzeit:	1965–1990

Innocenti

Die italienische Firma Innocenti gab – könnte man sagen – nur ein Gastspiel in der Welt des Autos. Der Hersteller des Zweitakt-Motorrollers Lambretta stieg zu Beginn der Sechzigerjahre in den Automobilbau ein, als die Marktlage infolge von Importbeschränkungen besonders günstig war. So produzierte man den Austin A40 und den Mini. Nachdem der Firmengründer 1966 gestorben war, kaufte British Leyland das Unternehmen und ließ es in drei Jahren eingehen. 1975 kaufte es Alejandro de Tomaso und setzte die Lizenzfertigung fort. 1990 ging Innocenti im FIAT-Konzern auf und die Marke Innocenti verschwand fortan.

Inno

Intermeccanica

Der in Amerika lebende Ungar mit dem deutschen Namen Frank A. Reisner gründete in Italien ein Automobilunternehmen, in dem Sportwagen gebaut wurden. Begonnen hatte Reisner mit Komponenten für Rennwagen, mit der Entwicklung von Prototypen und dem Karosseriebau. Wahrlich ein internationales Konzept, das auf eine internationale Käuferschaft zielte. In Deutschland wurden die Intermeccanica-Sportwagen von Erich Bitter vertrieben, der aber 1973 seine Partnerschaft mit Intermeccanica beendete und eigene Sportwagen baute. 1975 verlegte Reisner die Firma nach Kalifornien und baute Replikate begehrter Youngtimer.

Inter

Innocenti Mini De Tomaso

Die Mini-Lizenzfertigung fand in den Jahren 1976 bis 1982 statt. Das Blechkleid hatte Bertone geschneidert. Für einen Kleinwagen war das Gefährt erstaunlich kräftig, was auch in äußerlichen Details (wie einer schwarzen Lufthutze auf der Motorhaube) zum Ausdruck kommen sollte.

Modell:	Innocenti Mini De Tomaso
Motor/Zylinder:	Reihenmotor/4
Geschwindigkeit:	max. 160 km/h
Hubraum in ccm:	1275
Leistung in PS/kW:	74/54
Bauzeit:	1976–1982

Intermeccanica Indra

Nach dem Sportwagen Italia, der von einem amerikanischen V8-Aggregat angetrieben wurde, erschien 1971 der Intermeccanica Indra in den Karosserieversionen Schrägheck, Stufenheck-Coupé und Cabriolet. Die Formen wirkten kantiger, als Motorisierung standen ein Reihensechszylinder und ein V8 aus dem Opel-Portfolio zur Verfügung.

Modell:	Intermeccanica Indra
Motor/Zylinder:	V-Motor/8
Geschwindigkeit:	max. 266 km/h
Hubraum in ccm:	5733
Leistung in PS/kW:	262/193
Bauzeit:	1971–1975

Iso Rivolta

Renzo Rivoltas größter Beitrag zur Automobilgeschichte war wahrscheinlich die Entwicklung des Kleinwagens „Isetta", der bei BMW in Lizenz gebaut wurde und für Furore sorgte. Aber das befriedigte den Kühlschrank-Magnaten nicht; er wollte eine eigene Nobelmarke kreieren. Von Giotti Bizzarini in Zusammenarbeit mit Bertone und Giugiaro ließ er sich 1961 den Iso Rivolta bauen – auf italienischem Fahrwerk, in italienischem Design, mit britischem Getriebe, amerikanisch motorisiert. Durchaus ein Erfolgskonzept. Die Limousine verstand es, ihre 400 PS dezent und mit Understatement unter kühler Eleganz zu verstecken. 1972 wurde das Unternehmen verkauft und ging zwei Jahre später in Konkurs.

Iso Grifo

Der Iso Grifo ist Rivoltas bekanntester Gran Turismo. Es begann mit 5,4 und 5,8 Liter großen Chevrolet-Triebwerken, die sich in der Corvette bewährt hatten. 1968 schlug die Stunde der 7-Liter-Maschine. Mit den offiziell angegebenen 275 km/h Spitze brauchte man sich nicht zu begnügen; der Motor erlaubte es durchaus, die 300er-Marke anzugreifen.

Modell:	Iso Grifo 7 litre
Motor/Zylinder:	V-Motor/8
Geschwindigkeit:	max. 300 km/h
Hubraum in ccm:	6998
Leistung in PS/kW:	406/303
Bauzeit:	1964–1974

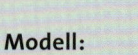

Iso Lele

Bertone schuf 1968/69 ein neues Coupé, das den erfolgreichen Rivolta ablösen sollte. Die Formen galten seinerzeit als – gelinde gesagt – eigenwillig. Vor allem das schwer wirkende Fließheck stieß auf Verwunderung, aber nicht das Heck machte dem Wagen zu schaffen, sondern die Ölkrise, die alle Absatzhoffnungen zerschlug.

Modell:	Iso Lele
Motor/Zylinder:	V-Motor/8
Geschwindigkeit:	max. 250 km/h
Hubraum in ccm:	5358
Leistung in PS/kW:	355/261
Bauzeit:	1969–1974

Iso Fidia

Ein Abkömmling des Erstlings Rivolta war der Iso Fidia. Hier sollte die viertürige sportliche Edellimousine eine Marktnische besetzen, die aber vermutlich dann doch zu eng war. Den gestalterischen Entwurf lieferte Giorgetto Giugiaro, er wurde bei Ghia realisiert. Neben den Chevrolet-Aggregaten wurden in den letzten beiden Produktionsjahren Ford-Motoren verbaut.

Modell:	Iso Fidia
Motor/Zylinder:	V-Motor/8
Geschwindigkeit:	max. 230 km/h
Hubraum in ccm:	5354
Leistung in PS/kW:	355/261
Bauzeit:	1967–1974

Iso Rivolta

Jaguar

Angesichts der vornehmen Katzen, die heutzutage über die Straßen schleichen, mag man gar nicht glauben, dass die Anfänge der Firma im Bau von Motorradbeiwagen liegen: Swallow Sidecars, gegründet 1922. Das Unternehmen nannte sich später „SS Cars Ltd." – das SS stand nun für Standard Swallow – und baute auch ein Cabrio mit dem Namen Jaguar, das dem BMW 328 Konkurrenz machte. Nach dem Zweiten Weltkrieg schien das Kürzel „SS" nicht mehr tragbar, das Unternehmen firmierte um und gab sich den Namen eines seiner Modelle: Jaguar. Besonders in den Sechzigerjahren etablierte sich die Marke mit wachsendem Erfolg, wenn auch immer mal von Qualitätsproblemen berichtet wurde. Ende 1989 wurde Jaguar von Ford übernommen. Ford verkaufte Jaguar und Rover 2008 an den indischen Konzern Tata.

Jaguar E-Typ V12 (Serie III)

Als Jaguar 1961 das E-Typ-Sportcabriolet erstmals vorstellte, traf der Wagen wie ein Hammerschlag auf die Fachwelt. Zehn Jahre später musste sich Jaguar anstrengen, um den Anschluss nicht zu verpassen, denn Fachwelt wie Käufer hatten begonnen, sich neu zu orientieren. Mit mehr Leistung und leiserem Motor überzeugte der E-Typ der 3. Baureihe aber dennoch.

Modell:	Jaguar E-Typ V12
Motor/Zylinder:	V-Motor/12
Geschwindigkeit:	max. 245 km/h
Hubraum in ccm:	5344
Leistung in PS/kW:	276/203
Bauzeit:	1971–1975

Jaguar Mk X/420 G

Der Jaguar Mk X fuhr im Segment der sportlichen Vornehmheit auf. Mit seinem Auftritt
verabschiedete sich Jaguar von der Formen-
sprache der Fünfzigerjahre. Die Karosserie
wirkte nicht eigentlich sportlich, aber ge-
streckt, das Platzangebot und der Komfort
waren beachtlich. Ab 1964 war der X-Jaguar
auch mit 4,2-Liter-Motor zu haben.

Modell:	Jaguar 420 G (1964)
Motor/Zylinder:	Reihenmotor/6
Geschwindigkeit:	max. 198 km/h
Hubraum in ccm:	4235
Leistung in PS/kW:	269/198
Bauzeit:	1961–1968

Jaguar XJ 6 2.8/
XJ 6 4.2 (Serie 1)

Die Baureihe XJ setzte die Baureihe X fort
und sollte zugleich für mehr Übersichtlich-
keit im Limousinen-Park von Jaguar sorgen.
Die Karosserie kam bei den Käufern gut an.
Das Modell ersetzte zunächst die in die Jahre gekommene Baureihe S, bald darauf auch
den rundlichen Mk. II und den 420. Als neuer
Motor wurde auch ein 2,8-Liter-Sechszylin-
der angeboten.

Modell:	Jaguar XJ 6
Motor/Zylinder:	DOHC Reihenmotor/6
Geschwindigkeit:	max. 190 km/h
Hubraum in ccm:	2792
Leistung in PS/kW:	142/104
Bauzeit:	1968–1972

Jaguar

Jaguar XJ 12 5.3

Zwei Jahre nach Baubeginn der XJ-Baureihe stieß Jaguar in die Dimension der Zwölfzylindermotoren vor, zunächst beim E-Typ, seit 1972 auch bei den Limousinen. Damit befand sich Jaguar neben Ferrari und Lamborghini in einem ausgesprochen exklusiven Club. Als Viertürer hatte er 15 Jahre die Alleinherrschaft. Der Unterhalt der Zylindergewaltigen ist freilich nicht ganz billig.

Modell:	Jaguar XJ 12 S.1 5.3
Motor/Zylinder:	V-Motor/12
Geschwindigkeit:	max. 225 km/h
Hubraum in ccm:	5344
Leistung in PS/kW:	254/189
Bauzeit:	1972–1973

Jaguar XJ 6 C/XJ 12 C

Angesichts des Erfolgs der Limousinen nimmt es nicht Wunder, dass bei der gut betuchten Kundschaft auch der Wunsch nach einem sportlichen Coupé entstand. Mit dem XJ 6 C und dem XJ 12 C, dem entsprechenden Zwölfzylindermodell, wurde nun auch deutschen Rechtsanwälten das standesgemäße Fahren mit sportlichem Schmiss möglich.

Modell:	Jaguar XJ 6 C
Motor/Zylinder:	DOHC Reihenmotor/6
Geschwindigkeit:	max. 195 km/h
Hubraum in ccm:	4236
Leistung in PS/kW:	182/134
Bauzeit:	1975–1978

Jaguar

Jaguar XJ-S 5.3 HE

Nach erheblichen Verkaufseinbrüchen 1980 hatte man bei Jaguar kurzzeitig an eine Produktionseinstellung für den XJ-S gedacht. Dann entschloss man sich aber zu einer Modellpflege, setzte auf einen neuen Zylinderkopf und auf das lange erwartete Cabriolet und machte den XJ-S wieder erfolgreich.

Modell:	Jaguar XJ-S 5.3 HE
Motor/Zylinder:	V-Motor/12
Geschwindigkeit:	max. 245 km/h
Hubraum in ccm:	5344
Leistung in PS/kW:	295/217
Bauzeit:	1981–1991

Jaguar XJ-S

Der Auftritt des XJ-S 1976 (später, 1991, verschwand der Bindestrich) überzeugte nicht jeden. Der XJ-S sollte dort anknüpfen, wo man mit dem E-Typ 1974 aufgehört hatte. Trotz guter Motorisierung und einiger Erfolge im Rennsport strahlte der Wagen aber doch eine gewisse Biederkeit aus.

Modell:	Jaguar XJ-S Coupé automatic (1976)
Motor/Zylinder:	V-Motor/12
Geschwindigkeit:	max. 240 km/h
Hubraum in ccm:	5344
Leistung in PS/kW:	299/220
Bauzeit:	1976–1981

Jensen

Den britischen Hersteller Jensen Motors hat man zu Recht als „Automobilmanufaktur" bezeichnet. Das Wort beschreibt recht treffend den Anfang und das Ende des Unternehmens. Am Anfang übernahmen die Brüder Richard und Allan Jensen eine kleine Auto- und Karosseriefirma ihres verstorbenen Arbeitgebers. Nach dem Zweiten Weltkrieg war Jensen mit Sportwagenmodellen und sportlichen Limousinen erfolgreich. Technische Innovationen (Scheibenbremsen vorn und hinten, permanenter Allradantrieb) wurden erstmals in Serienfahrzeugen verwendet. Am Ende stand der Versuch der Ersatzteile vertreibenden Servicegesellschaft, einen überarbeiteten Interceptor in Handarbeit herzustellen. 1993 wurde das Unternehmen endgültig liquidiert.

Jensen Interceptor

Einen Sportwagen Interceptor (also eigentlich Abfangjäger) zu nennen, ist ein ziemlich militantes Angebot. Nach der weniger bekannten ersten Interceptor-Baureihe wurde 1966 ein neuer Interceptor entwickelt, die Karosserie wurde bei Jensen selbst gefertigt; auffallend war die große gläserne Heckklappe. Gebaut wurde das Modell in mehreren Baureihen bis 1976.

Modell:	Jensen Interceptor Mk II (1969)
Motor/Zylinder:	V-Motor/8
Geschwindigkeit:	max. 214 km/h
Hubraum in ccm:	6286
Leistung in PS/kW:	334/246
Bauzeit:	1969–1971

Jensen Interceptor Mk. III

Der Typ Mk. III ist mit 4255 produzierten Exemplaren, die zwischen August 1971 und Dezember 1976 gebaut wurden, der verbreitetste Interceptor. Vom Interceptor Mk. III wurde auch das Cabriolet „Convertible" abgeleitet, von dem 456 Stück gebaut wurden. Außerdem gab es noch eine SP-Version mit drei Doppelvergasern.

Modell:	Jensen Interceptor Mk. III S 4 (1972)
Motor/Zylinder:	V-Motor/8
Geschwindigkeit:	max. 225 km/h
Hubraum in ccm:	7206
Leistung in PS/kW:	384/286
Bauzeit:	1971–1976

Jensen-Healey/ Healey GT

Mit 10.000 Einheiten bildete der Lizenzbau des Healey bei Jensen die nach Einheiten größte Serie. Der in Zusammenarbeit mit Donald Mitchell Healey hergestellte zweisitzige Roadster sollte den Austin Healey ersetzen, dessen Fertigung ausgelaufen war. Doch konnte auch dieses Modell den finanziellen Abstieg von Jensen Motors nicht mehr aufhalten.

Modell:	Jensen-Healey
Motor/Zylinder:	DOHC Reihenmotor/4
Geschwindigkeit:	max. 192 km/h
Hubraum in ccm:	1973
Leistung in PS/kW:	142/104
Bauzeit:	1972–1976

Jensen

Lada

Der FIAT 124 wurde seit 1970 in großer Serie in der Sowjetunion in Lizenz gebaut. Dafür entstand in der Stadt Togliatti eine Autofabrik. Das Unternehmen AwtoWAS (Wolga-Automobilwerk) verkaufte die Fahrzeuge in der Sowjetunion (und anfangs auch in den anderen Ostblockstaaten) unter dem Namen Schiguli; bald bürgerte sich der Exportname Lada ein; das Signet ist ein stilisierter Wolgalastkahn (russ.: Schiguli) in Form des kyrillischen Buchstabens W (= B). Vom FIAT 124 ausgehend nahm der Lada eine relativ eigenständige Entwicklung. In den Ostblockländern gehörte er zu den begehrtesten Fahrzeugen; seit Ende der Siebzigerjahre gelangte er auch in den Westen, wo der äußerst preisgünstige Geländewagen Lada Niva ein beliebtes Arbeitstier war.

Lada 2101

In Togliatti erhöhte man die Bodenfreiheit des FIAT 124, stimmte die Stoßdämpfer weicher ab, gab den Zylinderköpfen eine oben liegende Nockenwelle, lagerte die Kurbelwelle fünffach und setzte anstelle des Zahnriemens eine Steuerkette ein; dazu noch eine starke Heizung und die Möglichkeit, den Motor notfalls mittels Handkurbel anzuwerfen – das war der Lada 2101.

Modell:	Lada WAS 2101
Motor/Zylinder:	Reihenmotor/4
Geschwindigkeit:	max. 140 km/h
Hubraum in ccm:	1198
Leistung in PS/kW:	60/44
Bauzeit:	1970–1982

Lada 2106

Ladas wurden mit einer Vielzahl von unterschiedlichen Motorisierungen angeboten, von denen nicht alle ins Ausland gelangten. Der 1600er-Motor war lange Zeit die stärkste Motorisierung; die Fahrzeuge wurden auch als Einsatzfahrzeuge der Polizei in den Ostblockstaaten genutzt.

Modell:	Lada WAS 2106
	(Lada 1600)
Motor/Zylinder:	Reihenmotor/4
Geschwindigkeit:	max. 154 km/h
Hubraum in ccm:	1568
Leistung in PS/kW:	78/58
Bauzeit:	1976–1986

Lada Niva

Als Geländewagen wurde der Lada Niva im Osten wie im Westen gleichermaßen beliebt: im Osten, weil er der Einzige, im Westen, weil er der Billigste seiner Klasse war. Mit permanentem Allradantrieb und zuschaltbarer Geländereduktion und Differenzialsperre erfüllte er, dessen Ausstattung ansonsten spartanisch war, Grundanforderungen an einen Geländewagen.

Modell:	Lada WAS 2121
	(Lada Niva)
Motor/Zylinder:	Reihenmotor/4
Geschwindigkeit:	max. 130 km/h
Hubraum in ccm:	1568
Leistung in PS/kW:	78/58
Bauzeit:	seit 1978

Lamborghini

Der magische Klang dieses Namens versetzt Automobilisten in Verzückung – ausgenommen diejenigen natürlich, die ihr Schicksal fest an eine andere Marke gebunden haben. Der Bauernsohn Ferruccio Lamborghini begann seine Karriere als Traktorenbauer. Der Legende nach hat sich Lamborghini nach einem Streit mit Ferrari entschlossen, eigene Sportwagen zu bauen. Schon das erste Modell, der 350 GT, überzeugte mit vier oben liegenden Nockenwellen und Einzelradaufhängung rundum. 1972 geriet das Unternehmen finanziell von der Piste, Lamborghini verkaufte die Mehrheit seiner Anteile und zog sich auf sein Weingut zurück. 1998 übernahm Audi die Sportwagensparte Lamborghini. Diese ist somit Teil des VW-Konzerns.

Lamborghini Miura

Der Mittelmotor-Sportwagen Lamborghini Miura erregte nicht nur wegen der Motoranordnung quer vor der Hinterachse Aufsehen. Die flache, gestreckte und dennoch so vollkommen harmonisch wirkende Gestalt dieser automobilen Skulptur faszinierte von Anbeginn. Der Miura war der absolute Supersportwagen seiner Zeit – für viele ist er überhaupt der schönste aller Zeiten.

Modell:	Lamborghini Miura P400
Motor/Zylinder:	DOHC V-Motor/12
Geschwindigkeit:	max. 290 km/h
Hubraum in ccm:	3929
Leistung in PS/kW:	350/260
Bauzeit:	1966–1973

Lamborghini

Lamborghini Espada

Der Espada, der auf der Basis eines 1967 vorgestellten, aber nicht in Serie gegangenen Prototyps entstand, sollte auf der Modellpalette der Lamborghinis den Platz des echten Viersitzers einnehmen. Die Modellpflege – der S1 entstand 1968–1970, der S2 1970–1972 und der S3 1972–1978 – zog jedes Mal erhebliche Ausstattungsveränderungen nach sich.

Modell:	Lamborghini Espada S1
Motor/Zylinder:	DOHC V-Motor/12
Geschwindigkeit:	max. 250 km/h
Hubraum in ccm:	3929
Leistung in PS/kW:	350/260
Bauzeit:	1968–1978

Lamborghini Jarama

Das Haus Bertone entwarf die Karosserie für den Jarama, gebaut wurde die Karosserie mit den halboffenen „Schlafaugen" bei Marazzi. Der gleiche Motor, der den Espada antrieb, kam auch in den Jarama. Der kürzere Radstand machte den Wagen sehr wendig und verlieh ihm überdurchschnittliche Fahreigenschaften.

Modell:	Lamborghini Jarama
Motor/Zylinder:	DOHC V-Motor/12
Geschwindigkeit:	max. 260 km/h
Hubraum in ccm:	3929
Leistung in PS/kW:	350/260
Bauzeit:	1970–1978

Lamborghini Uracco

Seit 1970 ließ Lamborghini unterhalb seiner Zwölfzylinderklasse den Uracco als Acht-zylinder-Sportwagen laufen. Was sich fast schon mickrig anhört, war aber mit Spitzen von 250–260 km/h auch nicht von schlech-ten Eltern! Die Dreiliterversion galt als zu-verlässiger als der Zweieinhalbliter-Wagen.

Modell:	Lamborghini Uracco
	P300 (1974)
Motor/Zylinder:	DOHC V-Motor/8
Geschwindigkeit:	max. 254 km/h
Hubraum in ccm:	2996
Leistung in PS/kW:	265/194
Bauzeit:	1970–1979

Lamborghini Countach

Der radikal und futuristisch gestylte Coun-tach – das Wort wird nicht englisch ausge-sprochen – erschien als Konzeptstudie auf dem Genfer Autosalon 1971 und drei Jahre später als erster Kundenwagen auf der Stra-ße. Der Trendsetter in Sachen Sportwagen behauptete sich trotz Ölkrise und verschärf-ter Abgasnormen bei seiner kleinen, aber feinen Klientel.

Modell:	Lamborghini Countach
	LP 5000 QV (1985)
Motor/Zylinder:	DOHC V-Motor/12
Geschwindigkeit:	max. 298 km/h
Hubraum in ccm:	5167
Leistung in PS/kW:	454/334
Bauzeit:	1974–1990

Lamborghini Jalpa/Silhouette

Aus dem Uracco wurde, um die Achtzylinder-Linie weiterzuführen, 1976 zunächst der Silhouette als echter Zweisitzer entwickelt (der Motor stammt aus dem Uracco P300). 1982 ging daraus der Jalpa hervor, der mehr Hubraum und mehr Leistung hatte und konsequenter durchgestylt war als sein Vorgänger.

Modell:	Lamborghini Jalpa
Motor/Zylinder:	DOHC V-Motor/8
Geschwindigkeit:	max. 260 km/h
Hubraum in ccm:	3485
Leistung in PS/kW:	256/188
Bauzeit:	1982–1988

Lamborghini Diabolo

Wenn man den Lamborghini Diabolo einen „Nobel-Hobel" nennt, hat man gar nicht mal so unrecht. Seine Silhouette wirkt, als wolle er vor sich den Straßenbelag wegschleifen. Zuzutrauen wäre es diesem schweren und leistungsstarken Nachfolger des Countach, der ab 1993 auch allradgetrieben und seit 1995 als Roadster angeboten wurde.

Modell:	Lamborghini Diabolo (1990)
Motor/Zylinder:	DOHC V-Motor/12
Geschwindigkeit:	max. 326 km/h
Hubraum in ccm:	5707
Leistung in PS/kW:	492/367
Bauzeit:	1990–2001

Lancia

Lancia, heute zum FIAT-Konzern gehörend, ist eine Traditionsfirma des italienischen Automobilbaus, die auf den 1881 geborenen Vincenzo Lancia zurückgeht, der nach einer Karriere als Rennfahrer 1906 seine eigene Firma gründete. 1907 stellte Lancia sein erstes Auto vor, das er Alfa nannte. Von Anfang an setzte er auf technische Fortschritte, um dem Automobilbau den Geist der Stellmacherei auszutreiben. 1913 führte er elektrische Beleuchtung und Anlasser ein, 1922 entwickelte er die erste selbsttragende Karosserie der Welt. Nach Rennsporterfolgen nach dem Zweiten Weltkrieg geriet Lancia Ende der Fünfzigerjahre finanziell aus der Spur, seit 1969 gehören das Unternehmen und die Marke zu FIAT.

Lancia Fulvia Berlina

Die Berlina genannte Limousine Lancia Fulvia wurde seit 1963 produziert. Sie war, wie ihre Vorgängerin Appia, nach einer alten Römerstraße, der Via Fulvia, benannt worden. Technisch profitierte die Limousine vom 1960 erschienenen größeren Lancia Flavia. Scheibenbremsen, zwei oben liegende Nockenwellen und der damals sehr fortschrittliche Frontantrieb waren herausragende Merkmale.

Modell:	Lancia Fulvia Berlina
Motor/Zylinder:	DOHC V-Motor/4
Geschwindigkeit:	max. 137 km/h
Hubraum in ccm:	1091
Leistung in PS/kW:	59/43
Bauzeit:	1963–1972

Lancia

Lancia Fulvia Coupé

Die Coupé-Version des Lancia Fulvia bestach mehr durch Eleganz und Fahrkomfort als durch betonte Sportlichkeit. Die kantigen Formen der Limousine zeigten sich etwas sanfter gerundet – der Entwurf stammte von Pietro Castagnero – und der Radstand war gegenüber der Limousine verkürzt worden. Seit 1967 wurden Teile der Karosserie in Leichtmetall gefertigt.

Modell:	Lancia Fulvia Coupé
Motor/Zylinder:	DOHC V-Motor/4
Geschwindigkeit:	max. 160 km/h
Hubraum in ccm:	1216
Leistung in PS/kW:	81/60
Bauzeit:	1965–1976

Lancia Fulvia Sport

Der Fulvia Sport wurde von Ercole Spada bei Zagato im Auftrag von Lancia entworfen, daher ist er auch als Fulvia Zagato bekannt geworden. Der noch „coupémäßiger" als das Werkscoupé geformte Zagato besaß anfangs eine Aluminiumkarosserie, die sich als zu empfindlich erwies, sodass man wieder zu Stahlblech zurückkehrte.

Modell:	Lancia Fulvia Sport
Motor/Zylinder:	DOHC V-Motor/4
Geschwindigkeit:	max. 169 km/h
Hubraum in ccm:	1216
Leistung in PS/kW:	81/60
Bauzeit:	1965–1972

Lancia Flavia Berlina

Nach der Mittelklasse-Limousine von 1960 ging 1967 die zweite Baureihe der Flavia-Limousinen an den Start. Die Karosserieform wirkte geglättet und geschlossener. Der Frontantrieb wurde beibehalten. Drei Motorisierungsvarianten standen zur Auswahl: neben dem 1,5-Liter-Boxer ein 1,8-Liter-Sauger und ein 1,8-Liter-Einspritzer.

Modell:	Lancia Flavia Berlina
Motor/Zylinder:	Boxermotor/4
Geschwindigkeit:	max. 172 km/h
Hubraum in ccm:	1800
Leistung in PS/kW:	92/68
Bauzeit:	1967–1970

Lancia Beta

Der Lancia Beta war das Nachfolgemodell des Lancia Fulvia. Die Palette der Aufbauten reichte von der viertürigen Fließhecklimousine über die viertürige Stufenhecklimousine zum zweitürigen Coupé, dreitürigen Kombi-Coupé und letzthin zu den zweitürigen Modellen Targa-Spider und Mittelmotor-Coupé.

Modell:	Lancia Beta 1800
Motor/Zylinder:	DOHC Reihenmotor/4
Geschwindigkeit:	max. 185 km/h
Hubraum in ccm:	1756
Leistung in PS/kW:	111/82
Bauzeit:	1972–1975

Lancia Stratos

Nach den Erfolgen der Fulvia-Coupés bekam Lancia 1970 wieder Lust auf sportlich betonte Fahrzeuge. 1970 präsentierte Lancia eine Bertone-Designstudie, der Wagen wurde in der Folge speziell für den Rallyesport konzipiert, wo er auch außergewöhnlich erfolgreich war (WM-Sieg 1974–1976). Die Straßenversion Stradale wurde mit einem 2,4-Liter-Motor geliefert.

Modell:	Lancia Stratos
Motor/Zylinder:	DOHC V-Motor/6
Geschwindigkeit:	max. 230 km/h
Hubraum in ccm:	2419
Leistung in PS/kW:	190/139
Bauzeit:	1973–1974

Lancia Beta Montecarlo

Der Lancia Beta Montecarlo trägt das Gewand des Hauses Pininfarina. Als Basis diente der Lancia Beta. Der Mittelmotor, der direkt hinter den Insassen platziert war, sorgte zwar für Fahrspaß, war aber wegen einer seitlich aufklappenden Haube nur schwer zugänglich. Das Coupé wurde auch als Targa mit Stoffrolldach angeboten.

Modell:	Lancia Beta Montecarlo
Motor/Zylinder:	DOHC Reihenmotor/4
Geschwindigkeit:	max. 190 km/h
Hubraum in ccm:	1995
Leistung in PS/kW:	120/88
Bauzeit:	1976–1982

Lancia Delta HF Integrale

Der Lancia Delta HF Integrale profitierte von einer Regeländerung im Rallyesport und machte auf den Rennstrecken Furore. Die Fahreigenschaften dieses karg ausgestatteten Sportlers wurden als herausragend beschrieben. Die Leistung des Turbomotors mit Ladeluftkühler stieg auf 188 PS.

Modell:	Lancia Delta
Motor/Zylinder:	DOHC Reihenmotor/4
Geschwindigkeit:	max. 215 km/h
Hubraum in ccm:	1995
Leistung in PS/kW:	188/138
Bauzeit:	1987–1989

Lancia Gamma

Mit dem Gamma besetzte Lancia die obere Mittelklasse. Das Fahrzeug wurde als Schräghecklimousine, Coupé und Gran Turismo angeboten. Stilistisch nahm der Gamma Anleihen beim kleineren Beta auf; diese Familienzusammengehörigkeit wurde mit der Weiterführung des griechischen Alphabets in der Typbezeichnung unterstrichen.

Modell:	Lancia Gamma Coupé
Motor/Zylinder:	Boxermotor/4
Geschwindigkeit:	max. 193 km/h
Hubraum in ccm:	2484
Leistung in PS/kW:	142/104
Bauzeit:	1976–1984

Lancia Trevi

Der Lancia Trevi erschien 1982 als ein später Abkömmling des wohlbekannten Beta-Modells. Entstanden war eine konventionelle Limousine mit meist konventioneller Motorisierung (allerdings gab es auch eine VX-Ausführung mit Kompressor). Heute wirkt das Konventionelle eher zeitlos.

Modell:	Lancia Trevi VX
Motor/Zylinder:	DOHC Reihenmotor/4
Geschwindigkeit:	max. 190 km/h
Hubraum in ccm:	1995
Leistung in PS/kW:	137/101
Bauzeit:	1976–1982

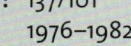

Lotus

Als Colin Chapman 1952 seine eigene Firma Lotus Cars Ltd. gründete, war
er schon einige Jahre erfolgreich in der
Entwicklung von Sport- und Rennsport-
modellen. Chapman verfolgte ein gänz-
lich anderes Konzept als die meisten
Sportwagenbauer: Während die näm-
lich immer stärkere Motoren in ihre Boli-
den einbauten, versuchte Chapman, die
Fahrzeuge selbst immer leichter zu machen. Dadurch wurden sie, bei beschei-
dener Motorisierung, immer schneller. Nach Chapmans Tod ging die Firma

1986 an General Motors, 1993 kam sie
zum Firmenverbund von Bugatti, 1996
übernahm die Perusahaan Otomobil
Nasional Bhd. in Malaysia die Mehrheit
an Lotus.

Lotus Elan

Mit dem Lotus Elan sollte der erst fünf Jahre alte Typ Elite abgelöst werden. Der Elan
erschien offen statt geschlossen wie der
Elite, hatte kein Monocoque aus glasfaserverstärktem Kunststoff, sondern baute auf
einem separaten Stahlrahmen auf und griff
auf einen hauseigenen Motor zurück. Besonders geschätzt wurde der Elan aufgrund
seiner ausgezeichneten Fahreigenschaften.

Modell:	Lotus Elan S1
Motor/Zylinder:	DOHC Reihenmotor/4
Geschwindigkeit:	max. 185 km/h
Hubraum in ccm:	1558
Leistung in PS/kW:	106/78
Bauzeit:	1962–1973

Lotus

Lotus Elan +2

Mit 31 cm längerem Radstand und breiterer Spur machte 1967 der Lotus Elan der zweiten Generation von sich reden. Das verlängerte Chassis erlaubte 2+2 Sitze und ein festes Coupé-Dach. Das Auto war schnell und erstaunlich wirtschaftlich und konnte seit 1972 mit einem Fünfganggetriebe bezogen werden.

Modell:	Lotus Elan +2
Motor/Zylinder:	DOHC Reihenmotor/4
Geschwindigkeit:	max. 190 km/h
Hubraum in ccm:	1558
Leistung in PS/kW:	118/87
Bauzeit:	1967–1974

Lotus Europa

Der Europa war ein zweitüriges Mittelmotor-Coupé, das technisch auf dem Elan fußte, aber in punkto Sportlichkeit kompromisslos durchgestylt worden war. Auch die Insassen mussten sportlich sein, wenn sie in das nur knapp über einen Meter hohe Fahrzeug einsteigen wollten. Der Europa war der erste in Großserie gebaute Mittelmotor-Sportwagen.

Modell:	Lotus Europa
Motor/Zylinder:	DOHC Reihenmotor/4
Geschwindigkeit:	max. 190 km/h
Hubraum in ccm:	1558
Leistung in PS/kW:	106/78
Bauzeit:	1967–1975

Lotus Super Seven (Series 4)

Dass der Lotus Seven ein Jahrhundertwurf war, ist unbestritten. Das Fahrvergnügen, das freilich nicht von allen als solches empfunden wurde, verursachte bei den einen Formel-1-Feeling, bei den anderen rief es die Pionierzeit des Automobils ins Bewusstsein. Nach den ersten drei Serien wurde für die vierte Auflage die Karosserie vergrößert und verstärkt.

Modell:	Lotus Super Seven 1600 GT
Motor/Zylinder:	DOHC Reihenmotor/4
Geschwindigkeit:	max. 193 km/h
Hubraum in ccm:	1558
Leistung in PS/kW:	106/78
Bauzeit:	1970–1972

Lotus

Lotus Elite

Mit dem Elite ließ Lotus 1974 den Typ wieder aufleben, der 1957 bis 1963 Furore gemacht hatte. Das Coupé, das wie ein Kombi aussah, brachte die Design-Ideen der Siebzigerjahre unverfälscht zum Ausdruck. Die Kunststoffkarosserie ähnelte eher italienischen Modellen als britischen Sportwagen. Später erschien der viersitzige Elite II (Type 83), nur 33 Fahrzeuge wurden hergestellt und mussten so teuer wie ein Ferrari bezahlt werden.

Modell:	Lotus Elite 501
Motor/Zylinder:	Reihenmotor/4
Geschwindigkeit:	max. 201 km/h
Hubraum in ccm:	1973
Leistung in PS/kW:	160/118
Bauzeit:	1974–1982

Lotus Esprit S 1

Der Esprit, der bis 2004 gebaut wurde, hatte seinen ersten Auftritt 1976. Die Karosserieform, auf eine Studie Giorgetto Giugiaros zurückgehend, wies eine extrem keilförmige Gestalt auf. Motorisiert mit dem 2-Liter-Sechzehnventiler aus dem Elite/Eclat, war die erste Baureihe (rund 1000 Einheiten) noch nicht so erfolgreich wie schließlich die späteren Serien des Modells.

Modell:	Lotus Esprit S 1
Motor/Zylinder:	DOHC Reihenmotor/4
Geschwindigkeit:	max. 210 km/h
Hubraum in ccm:	1974
Leistung in PS/kW:	160/118
Bauzeit:	1976–1980

Lotus Esprit Turbo

Da die Fahrleistungen des Esprit S 1 die verwöhnte Kundschaft auf Dauer nicht befriedigten, brachte Lotus mit dem Nachfolgemodell mehr Hubraum und einen Garrett-Turbolader unter. Mehr Leistung sorgte für mehr Geschwindigkeit; entsprechend musste auch das Fahrwerk überarbeitet werden, um die Leistung auch auf der Straße zu halten.

Modell:	Lotus Esprit Turbo
Motor/Zylinder:	DOHC Reihenmotor/4
Geschwindigkeit:	max. 245 km/h
Hubraum in ccm:	2174
Leistung in PS/kW:	213/157
Bauzeit:	1980–1987

Maserati

Mit dem Maserati verbinden die meisten Autoliebhaber das Symbol des Dreizacks, traumhafte Sportwagen und eine wechselhafte Unternehmensgeschichte. Das Unternehmen wurde 1914 in Bologna von fünf Maserati-Brüdern gegründet. Vom Neptunbrunnen Bolognas stammte auch der Dreizack im Firmenlogo. Seit 1937 war die Firma Bestandteil des Konzerns von Adolf Orsi. Nach dem Zweiten Weltkrieg wurden Maseratis im Rennsport zur Legende, was nicht zuletzt dem überragenden Juan Manuel Fangio zu danken war. 1968 übernahm Citroën 60 Prozent der Anteile an Maserati. 1993 ging die Firma an den FIAT-Konzern über. Die bekanntesten Modelle von Maserati trugen die Namen von Winden – die Analogie zu Kraft und Geschwindigkeit war durchaus beabsichtigt.

Maserati Ghibli

Ghibli ist ein Wüstenwind in der Sahara. Der Maserati war als Konkurrenzprodukt zum Ferrari Daytona und zum Lamborghini Miura entworfen worden – und er übertraf sie. Das Ghia-Design lässt den Wagen schon im Stand wahnsinnig schnell aussehen. Mit einer Spitze von 270 km/h und einer 6,5-Sekunden-Frist, um von 0 auf 100 km/h zu kommen, war er das auch.

Modell:	Maserati Ghibli
Motor/Zylinder:	DOHC V-Motor/8
Geschwindigkeit:	max. 270 km/h
Hubraum in ccm:	4719
Leistung in PS/kW:	310/231
Bauzeit:	1966–1973

Maserati Bora

Der Bora entstand noch in der Citroën-Zeit von Maserati. Er wirkte gegenüber früheren Maserati-Modellen regelrecht zierlich und war das erste Mittelmotor-Coupé des Herstellers. Der Karosserie merkte man die Handschrift Giugiaros an. Das Fahrwerk wurde der Leistungskraft des Wagens angepasst: Doppelquerlenker statt starrer Hinterachse.

Modell:	Maserati Bora
Motor/Zylinder:	DOHC V-Motor/8
Geschwindigkeit:	max. 270 km/h
Hubraum in ccm:	4719
Leistung in PS/kW:	310/231
Bauzeit:	1971–1980

Maserati Merak

Für den Merak wurde der Achtzylinder auf einen Sechszylinder verkürzt, um einen preiswerteren Sportwagen anzubieten. Ansonsten blieben die vom Bora übernommene Karosserie und Mechanik fast unverändert. Mehr noch als beim Bora wurden im Merak Großserienteile des damaligen Mutterhauses Citroën verbaut. Für mehr Stimmung als die Grundversion sorgte der auf 220 PS gewachsene Merak SS.

Modell:	Maserati Merak
Motor/Zylinder:	DOHC V-Motor/6
Geschwindigkeit:	max. 225 km/h
Hubraum in ccm:	2965
Leistung in PS/kW:	192/142
Bauzeit:	1972–1983

Maserati Khamsin

Der Khamsin, nach einem ägyptischen Wüstenwind benannt, war der Nachfolger des Ghibli und wurde erstmals auf dem Turiner Autosalon 1972 vorgestellt. Der Achtzylindermotor saß unter der lang gestreckten Haube. Die extrem keilförmige Silhouette und die kantigen Linien verrieten die Handschrift Marcello Gandinis aus dem Haus Bertone.

Modell:	Maserati Khamsin
Motor/Zylinder:	DOHC V-Motor/8
Geschwindigkeit:	max. 275 km/h
Hubraum in ccm:	4930
Leistung in PS/kW:	320/238
Bauzeit:	1973–1982

Maserati Kyalami

Der Kyalami sieht nicht nur aus wie ein De Tomaso Longchamp, er entstand auch in der Ära De Tomaso. Unter der fast bieder wirkenden Karosserie arbeitete aber nach wie vor originäre Maserati-Technik, wenn auch die großen Motoren in ihrer Leistung etwas reduziert wurden. Nur etwa 150 Einheiten wurden in sechs Produktionsjahren gebaut.

Modell:	Maserati Kyalami 4900 (1978)
Motor/Zylinder:	DOHC V-Motor/8
Geschwindigkeit:	max. 249 km/h
Hubraum in ccm:	4930
Leistung in PS/kW:	280/209
Bauzeit:	1977–1983

Maserati

Maserati Quattroporte

Mit dem Quattroporte, was bedeutend klingt, aber eigentlich nur „Viertürer" heißt, versuchte Maserati in wirtschaftlich schwieriger Zeit die Rückkehr ins Segment der Oberklasse-Limousinen. Der Quattroporte nutzt die 4,2- und 4,9-Liter-Motoren des Kyalmi und das Fahrwerk des De Tomaso Deauville. Die ausladende Karosserie stammte von Giugiaro.

Modell:	Maserati Quattroporte
Motor/Zylinder:	DOHC V-Motor/8
Geschwindigkeit:	max. 230 km/h
Hubraum in ccm:	4136
Leistung in PS/kW:	260/194
Bauzeit:	1979–1990

Maserati Biturbo

Mit einer zweitürigen, aber viersitzigen Coupé-Limousine und einem Sechszylinder mit – wie der Name des Typs verrät – zwei Turboladern versuchte Maserati erneut, in das Segment der preiswerteren Sportwagen vorzustoßen. Neben der speziell für die italienische Steuergesetzgebung interessanten 1996-ccm-Maschine gab es auch ein 2,5-Liter-Aggregat.

Modell:	Maserati Biturbo
Motor/Zylinder:	V-Motor/6
Geschwindigkeit:	max. 215 km/h
Hubraum in ccm:	1996
Leistung in PS/kW:	182/134
Bauzeit:	1981–1987

Maserati Biturbo Spyder

Als letzte Variation des Biturbo-Modells kam 1984 das Cabriolet, von Masarati Spyder genannt, heraus. Die Karosserie entstand bei Zagato. Der Radstand war gegenüber dem Biturbo-Coupé verkürzt worden, das Verdeck ließ sich nahezu vollständig versenken.

Modell:	Maserati Biturbo Spyder
Motor/Zylinder:	V-Motor/6
Geschwindigkeit:	max. 217 km/h
Hubraum in ccm:	2491
Leistung in PS/kW:	200/149
Bauzeit:	1984–1987

Maserati

Matra

Matra, das Kurzwort für Mécanique Avion Traction, war und ist ein Technologiekonzern mit weit gespannten Tätigkeitsfeldern. Er war zunächst im Flugzeugbau tätig und stark an der französischen Rüstungsproduktion beteiligt. Die Sparte Fahrzeugbau begann sich einen Namen zu machen, als Matra den Renn- und Sportwagenbauer Bonnet übernahm. Die Aktivitäten im Rennsport sollten das Image des Matra-Konzerns zivil aufpolieren. 1970 übernahm Simca, damals zu Chrysler gehörend,

den Vertrieb der Matra-Serienmodelle. Von Chysler kam Matra zu Peugeot/PSA, danach zu Renault. 2003 wurde die Matra-Autosparte abgewickelt, die Produktion endete, die Produktionsanlagen wurden abgebaut.

Matra M530

Der M530 war der Nachfolger des ersten Seriensportwagens, Djet, aus dem Hause Matra. Benannt ist der M530 nach einer Rakete aus dem Rüstungsprogramm des Konzerns. Dabei war der M530 sicherheitsbewusst konzipiert – mit Knautschzonen und Scheibenbremsen vorn und hinten. Der 1,7-Liter-Ford-Motor war als Mittelmotor eingebaut.

Modell:	Matra M530A
Motor/Zylinder:	V-Motor/4
Geschwindigkeit:	max. 170 km/h
Hubraum in ccm:	1699
Leistung in PS/kW:	76/56
Bauzeit:	1967–1973

Matra Bagheera

Der Bagheera überraschte mit einem un-
gewöhnlichen Innenraumkonzept: drei ne-
beneinander liegende Sitze. Als Nachfolger
des Matra M530 wurde er gemeinsam mit
der französischen Chrysler-Tochter Simca
entwickelt und darum als Matra Simca Bagheera vermarktet. Nach dem Übergang zu
Talbot wurde das Modell als Talbot Matra
Bagheera angeboten.

Modell:	Matra Bagheera
Motor/Zylinder:	Reihenmotor/4
Geschwindigkeit:	max. 175 km/h
Hubraum in ccm:	1294
Leistung in PS/kW:	83/61
Bauzeit:	1973–1980

Matra Murena

Als Nachfolger des Bagheera setzte der
Matra Murena das Konzept der drei ne-
beneinander angeordneten Sitze fort. Das
flache Kunststoffcoupé mit voll verzinkter
Bodengruppe überzeugte durch gelungene
Linienführung. Die am Bagheera kritisierten
Verarbeitungsmängel waren gezielt besei-
tigt worden.

Modell:	Matra Murena
Motor/Zylinder:	Reihenmotor/4
Geschwindigkeit:	max. 200 km/h
Hubraum in ccm:	2155
Leistung in PS/kW:	115/85
Bauzeit:	1980–1984

Mazda

Die heutige Mazda Motor Corporation wurde 1920 als Korkverarbeitungsbetrieb gegründet. Seit den Dreißigerjahren baute man Maschinenteile, trat mit einem motorisierten Dreirad auf und war während des Krieges in die japanische Rüstungsproduktion einbezogen.

Seit 1960 stellt Mazda Automobile her, anfangs in Europa und Amerika kaum beachtet, geschweige denn akzeptiert. In die Sechzigerjahre fällt die Lizenznahme des NSU-Wankelmotors. Seit 1973 werden Mazdas auch in Deutschland vertrieben. Im Gefolge der japanischen Autooffensive hat sich auch die Marke Mazda hier fest etabliert. Nach einem Staatsbesuch Erich Honeckers in Japan kamen 10.000 Fahrzeuge des Typs Mazda 323 auch in die DDR.

Mazda RX-7

Als Nachfolger des Modells RX-5 hatte der RX-7 großen Erfolg – mehr noch als in Europa stieg die Nachfrage in den USA so stark, dass Mazda mit der Produktion nicht hinterherkam und Wartezeiten entstanden. Dieser erste echte Sportwagen mit Wankelmotor galt als schick und war überdies zuverlässig und angenehm im Handling.

Modell:	Mazda RX-7
Motor/Zylinder:	Zweischeiben-Wankel
Geschwindigkeit:	max. 185 km/h
Hubraum in ccm:	2 x 654
Leistung in PS/kW:	115/85
Bauzeit:	1978–1986

Mazda RX-5

Das Sportcoupé, in Japan und einigen anderen Exportländern Mazda Cosmo genannt, wurde sowohl mit Zweischeiben-Wankelmotor als auch mit Vierzylinder-Reihenmotor angeboten. Neben dem amerikanisch anmutenden Coupé mit steilem Heckfester gab es ein Fließheckcoupé – nur dieses wurde nach Europa geliefert und bestimmte hier das Bild des RX-5.

Modell:	Mazda RX-5 Cosmo GT (1981)
Motor/Zylinder:	Zweischeiben-Wankel
Geschwindigkeit:	max. 180 km/h
Hubraum in ccm:	2 x 654
Leistung in PS/kW:	115/85
Bauzeit:	1975–1981

Mazda 323

Als Kleinwagen in der Klasse bis 1000 ccm gehörte der Mazda 323 zu den wenigen „Westwagen", die auch in der DDR in größerer Menge vertrieben wurden, allerdings erst das frontgetriebene Nachfolgemodell 323 BD. Der erste 323 war von vornherein als Schrägheck-Limousine geplant. Seit 1980 entwickelte sich der 323 zum erfolgreichsten Exportmodell Japans.

Modell:	Mazda 323 FA
Motor/Zylinder:	Reihenmotor/4
Geschwindigkeit:	max. 140 km/h
Hubraum in ccm:	985
Leistung in PS/kW:	45/33
Bauzeit:	1977–1980

Mazda

Mazda 626

Der Mazda 626, in seiner ersten Generation auch unter der Bezeichnung „Capella"
bekannt, repräsentierte in der Mazda-Fahr-
zeugpalette die Mittelklasse. Die Produkt-
linie umfasste Stufenheck-Limousine und
Coupé, in den folgenden Generationen kam
auch ein Kombi dazu. Der 626 der ersten Generation war hinterradgetrieben und wurde
in zwei unterschiedlichen Motorisierungsvarianten ausgeliefert.

Modell:	Mazda 626
	Capella LTD
Motor/Zylinder:	Reihenmotor/4
Geschwindigkeit:	max. 164 km/h
Hubraum in ccm:	1970
Leistung in PS/kW:	90/66
Bauzeit:	1979–1982

Mazda 929

Die Fertigung der Mittelklasse-Limousine
Mazda 929 begann 1973. Der Typ löste den
Mazda 1800 ab. Nach mehreren Faceliftings
wurde 1982 die zweite Baureihe vorgestellt.
Motorisierungen von 1,8 bis 3 Liter Hubraum
standen zur Verfügung; auch Sechszylinder-
Aggregate und Wankelmotoren wurden angeboten. 1987 erschien dann ein völlig neu
konzipierter 929.

Modell:	Mazda 929 (1986)
Motor/Zylinder:	Reihenmotor/4
Geschwindigkeit:	max. 171 km/h
Hubraum in ccm:	1998
Leistung in PS/kW:	103/77
Bauzeit:	1982–1986

Melkus

Heinz Melkus (1928–2005) begann nach dem Zweiten Weltkrieg im zerstörten Dresden als Fuhrunternehmer, obwohl er, der Legende nach, nicht mal eine Fahrerlaubnis besaß. In den Fünfziger- jahren konstruierte er erfolgreiche Rennsportwagen der Klasse „Formel Ju- nior" und war der beste Rennfahrer der DDR. Der Rennsportler und Konstruk- teur gründete und betrieb in Dresden eine private Fahrschule. 1968/69 über- rumpelte er die DDR-Funktionäre und schlug sie mit ihren eigenen ideologi- schen Waffen, indem er versprach, ei- nen renn- und straßentauglichen Sport-

wagen ausschließlich aus Ressourcen der DDR zu bauen – und zwar „zu Ehren des 20. Jahrestags der DDR". Die Funktio- näre konnten diese Ehrung schwerlich ablehnen und Melkus baute seinen le- gendären RS 1000. Im Jahr 2012 stellte Melkus einen Insolvenzantrag, der im Januar 2013 abgelehnt wurde.

Melkus RS 1000

Fahrgestell, Rahmen und Motor aus der Wartburg-Serienfertigung. Ein neues Fünf- ganggetriebe, Dreifachvergaser vom Mo- torrad MZ, eine Karosserie aus glasfaser- verstärktem Kunststoff und Leichtmetall, Flügeltüren – zuletzt eine Hubraumvergrö- ßerung auf 1119 ccm – das war der RS 1000 von Melkus. 101 Einheiten gab's im Original – eine begrenzte Edition von 15 Neubauten folgte nach der Jahrtausendwende.

Modell:	Melkus RS 1000
Motor/Zylinder:	Reihen-Zweitakt- motor/3
Geschwindigkeit:	max. 160 km/h
Hubraum in ccm:	992
Leistung in PS/kW:	70/52
Bauzeit:	1969–1979

Mercedes-Benz

Seit es Autos gibt, gibt es im Grunde Mercedes-Benz. Alle motorisierte Mobilität geht letztlich auf den Motorwagen von Carl Benz zurück. 1926 schlossen sich zwei der renommiertesten Motoren- und Fahrzeughersteller, die Benz & Cie. und die Daimler-Motoren-Gesellschaft, zur Daimler-Benz AG zusammen. 1998 fusionierte Daimler-Benz mit Chrysler zur DaimlerChrysler AG. Die Trennung erfolgte bereits 2007. Mercedes-Benz-Fahrzeuge gehörten Zeit des Bestehens der Marke zu den „Premium"-Produkten der Automobilbranche. Daneben war und ist das Unternehmen in der Rüstungsindustrie sowie in der Luft- und Raumfahrtindustrie engagiert.

Mercedes-Benz 280 SL

Neben den Mercedes-Limousinen hatten die Coupés und Cabriolets von Mercedes-Benz immer glanzvolle Auftritte. Natürlich besonders die Fahrzeuge, die ein „S" in ihrer Typbezeichnung trugen. Werkseitig als Typ W113 bekannt, zu dem auch die Modelle 230 SL und 250 SL gehörten, konnte die Spitzenmotorisierung für Höchstgeschwindigkeiten um 200 km/h sorgen.

Modell:	MB 280 SL (W113)
Motor/Zylinder:	Reihenmotor/6
Geschwindigkeit:	max. 200 km/h
Hubraum in ccm:	2778
Leistung in PS/kW:	170/125
Bauzeit:	1967–1971

Mercedes-Benz

Mercedes-Benz 450 SL

Einer der Dauerbrenner aus dem Hause Mercedes-Benz waren die Sportwagen der Baureihe R107, die zu den erfolgreichsten der deutschen Automobilgeschichte gehören. Die Baureihe wurde seit 1971 produziert und die Fahrzeuge in Hubraumklassen von 2,8 bis 5 Liter angeboten. Nach der Ölkrise kam 1974 das Sechszylindermodell 280 SL heraus.

Modell:	MB 450 SL (R107)
Motor/Zylinder:	V-Motor/8
Geschwindigkeit:	max. 215 km/h
Hubraum in ccm:	4520
Leistung in PS/kW:	228/168
Bauzeit:	1973–1980

Mercedes-Benz 420 SL

1980 griff die erste Modellpflege in der Baureihe R107. Die Modelle 380 und 500 lösten die Vorgänger 350 und 450 ab. 1985 wurden die Motorenangebote nochmals umstrukturiert. Für den US-Markt wurden wenige Spitzenmodelle mit 5,6 Liter Hubraum gefertigt. Das S für sportlich und das L für Luxus waren bei dieser Baureihe gerechtfertigt.

Modell:	MB 420 SL (R107)
Motor/Zylinder:	V-Motor/8
Geschwindigkeit:	max. 214 km/h
Hubraum in ccm:	4196
Leistung in PS/kW:	221/162
Bauzeit:	1985–1989

Mercedes-Benz 200 D

Grundsätzlich bestachen alle /8 („Strich Acht") genannten Modelle durch hohe Zuverlässigkeit. In der Baureihe W114/W115 wurden fast 2 Mio. Fahrzeuge gebaut, mehr als alle Mercedes-PKWs seit Kriegsende bis 1968 zusammen. Allein 420.000 Dieselfahrzeuge erschienen (erkennbar am „D"), bis 1973 in den schwächeren Motorisierungen 200 D und 220 D.

Modell:	MB 200 D (W114/W115)
Motor/Zylinder:	Diesel-Reihenmotor/4
Geschwindigkeit:	max. 130 km/h
Hubraum in ccm:	1998
Leistung in PS/kW:	55/40
Bauzeit:	1968–1976

Mercedes-Benz 280 SLC

Die Baureihe mit der werksinternen Nummer C107 erschien parallel zur Baureihe R107 und stellte den Sport-Cabriolets die entsprechenden Coupé-Modelle an die Seite. Auch hier erschien die sparsamste Motorisierung als Sechszylinder-Reihenmotor. Insgesamt wurden weniger als 3000 Fahrzeuge aller Motorisierungen bis 1981 gefertigt.

Modell:	MB 280 SLC (C107)
Motor/Zylinder:	DOHC Reihenmotor/6
Geschwindigkeit:	max. 205 km/h
Hubraum in ccm:	2746
Leistung in PS/kW:	184/135
Bauzeit:	1971–1981

Mercedes-Benz

Mercedes-Benz 280

Die „Strich-Acht"-Baureihe war nicht zuletzt deshalb so erfolgreich, weil sie der Marke eine klassische, gewissermaßen gutbürgerliche Form gegeben hatte. Nach einer Vorserie 1967 – diese Vorserie wurde bei Mercedes eingeführt, um technologische Pannen auszuschließen und den Fertigungsablauf optimal zu organisieren – begann die Auslieferung der eigentlichen Serienmodelle 1968.

Modell:	MB 280 (W114)
Motor/Zylinder:	Reihenmotor/6
Geschwindigkeit:	max. 200 km/h
Hubraum in ccm:	2746
Leistung in PS/kW:	160/117
Bauzeit:	1967–1976

Mercedes-Benz 250 C

Die interessantesten „Strich-Achter" waren damals und sind heute wahrscheinlich die Coupé-Modelle. Die wurden grundsätzlich als Sechszylinder ausgeliefert und meistens mit Automatic-Getrieben. Außerdem verfügten sie über umfangreiche Ausstattungspakete, zu denen neben Ledersitzen auch Klimaanlagen gehörten.

Modell:	MB 250 C (C114)
Motor/Zylinder:	Reihenmotor/6
Geschwindigkeit:	max. 180 km/h
Hubraum in ccm:	2497
Leistung in PS/kW:	132/97
Bauzeit:	1968–1973

Mercedes-Benz 240 D

Mit der Baureihe W123 präsentierte Mercedes in der oberen Mittelklasse sein vielleicht erfolgreichstes Modell. Es erschien mit einer breiten Motorenpalette, vom 2-Liter-Benziner bis zum 3-Liter-Turbodiesel. Zu Beginn der Auslieferung stauten sich so viele Bestellungen an, dass mit Lieferfristen von einem Jahr gerechnet werden musste.

Modell:	MB 240 D (W123)
Motor/Zylinder:	Diesel-Reihenmotor/4
Geschwindigkeit:	max. 140 km/h
Hubraum in ccm:	2399
Leistung in PS/kW:	73/54
Bauzeit:	1976–1985

Mercedes-Benz 280 E

In der Baureihe W123 stellte der 280 E die höchste Motorisierung dar. Die Motoren stammten aber noch aus dem Vorgängermodell, dem „Strich-Achter". Bei der Modellpflege von 1980 kamen neue, sparsamere Vierzylindermotoren ins Programm, die Produktion der 230er und der Sechszylinder-Benziner ließ Mercedes-Benz 1981 auslaufen.

Modell:	MB 280 E (W123)
Motor/Zylinder:	DOHC Reihenmotor/6
Geschwindigkeit:	max. 200 km/h
Hubraum in ccm:	2746
Leistung in PS/kW:	185/137
Bauzeit:	1976–1981

Mercedes-Benz 300 CD

Für den US-Markt wurden höher motorisierte Ausführungen der Baureihe W123 gefertigt. Trotz strenger Geschwindigkeitsbeschränkungen liebte man dort möglichst hoch motorisierte Coupés. Aber auch Energiebewusstsein war nun gefragt, und so wollte man mit Dieselmodellen wie dem 300 CD den Flottenverbrauch aller Mercedes-Modelle in den USA senken.

Modell:	MB 300 CD (W123)
Motor/Zylinder:	Diesel-Reihenmotor/5
Geschwindigkeit:	max. 143 km/h
Hubraum in ccm:	3005
Leistung in PS/kW:	78/57
Bauzeit:	1977–1981

Mercedes-Benz 300 TD

Schon 1981 wurden die 300er-Dieselaggregate durch die effektiveren Turbodiesel-Versionen ersetzt. Damit wurde Mercedes-Benz Vorreiter bei der Anwendung von Turbodieselmotoren für Personenwagen. Überdies wurde dank Mercedes der Kombi als Freizeit- und Familienwagen immer beliebter.

Modell:	MB 300 TD (W123)
Motor/Zylinder:	Diesel-Reihenmotor/5
Geschwindigkeit:	max. 165 km/h
Hubraum in ccm:	2998
Leistung in PS/kW:	121/89
Bauzeit:	1981–1985

Mercedes-Benz 190 E

Mit dem Typ 190 (werksintern W201) ergänzte Mercedes-Benz sein Modellangebot
nach unten – von den Fahrern der „dicken"
Limousinen wurde er ironisch „Baby-Benz"
genannt. Der 190er bekam Vergasermoto-
ren von 1,8 bis 3,2 Liter und Dieselmotoren
von 2 bis 2,5 Liter Hubraum. Die Serie wurde
bis 1993 gebaut.

Modell:	MB 190 E 2.5 16V (W201)
Motor/Zylinder:	DOHC Reihenmotor/4
Geschwindigkeit:	max. 235 km/h
Hubraum in ccm:	2498
Leistung in PS/kW:	195/143
Bauzeit:	1989–1993

Mercedes-Benz 280 SE

Die Oberklasse-Modelle der Baureihe W108/
W109 wurden von 1965 bis 1972 produziert,
der MB 280 kam 1967 heraus, bei ihm waren anfängliche Probleme am Motor, die am
250er-Mercedes kritisiert worden waren,
behoben worden. Eine Version mit verlängertem Radstand gab es auch.

Modell:	MB 280 SE (W108/W109)
Motor/Zylinder:	DOHC Reihenmotor/6
Geschwindigkeit:	max. 190 km/h
Hubraum in ccm:	2778
Leistung in PS/kW:	160/118
Bauzeit:	1967–1972

Mercedes-Benz 300 SEL 3.5

In der Oberklasse-Baureihe, die 1966 herauskam, repräsentierte die Serie W109 Fahrzeuge, die mit einer speziellen Luftfederung ausgestattet waren. Die Langversionen – mit dem Typkürzel SEL gekennzeichnet – waren während der gesamten Bauzeit der Serien W108/W109 im Angebot.

Modell:	MB 300 SEL 3.5 (W108/W109)
Motor/Zylinder:	V-Motor/8
Geschwindigkeit:	max. 200 km/h
Hubraum in ccm:	3499
Leistung in PS/kW:	200/147
Bauzeit:	1966–1972

Mercedes-Benz 280 SE 3.5

Auch S-Klasse-Fahrer wollten Coupé fahren. Für diese Klientel spendierte Mercedes-Benz dem Coupé 280 SE einen neuen Motor, einen 3,5 Liter großen V8-Motor. Die Coupés können als Höhepunkt der Baureihe W111 gelten. Diese sogenannten Flachkühler-Coupés sind auch heute sehr begehrt.

Modell:	MB 280 SE 3.5 (W108/W109)
Motor/Zylinder:	V-Motor/8
Geschwindigkeit:	max. 200 km/h
Hubraum in ccm:	3499
Leistung in PS/kW:	200/147
Bauzeit:	1970–1972

Mercedes-Benz 450 SEL

Das teuerste S-Klasse-Modell der Siebzigerjahre war der 450 SEL 6.9. Mit der Großzügigkeit der fast 7 Liter Hubraum stieß Mercedes-Benz in amerikanische Dimensionen vor. So hubraum- und drehmomentstark gab es einen Mercedes nie wieder. Er fand keinen Nachfolger und wurde damit rasch zu einem „abgeschlossenen Sammelgebiet".

Modell:	MB 450 SEL 6.9 (W116)
Motor/Zylinder:	V-Motor/8
Geschwindigkeit:	max. 225 km/h
Hubraum in ccm:	6834
Leistung in PS/kW:	286/210
Bauzeit:	1975–1980

Mercedes-Benz 600 Pullman

Der 600er-Pullman war eine Staatskarosse, nicht eigentlich ein Fahrzeug für den privaten Gebrauch. Fünfeinhalb Meter lang, mit 6,3 Liter großem V8-Triebwerk und Luftfederung begeisterte es die Zuschauer der Internationalen Automobilausstellung 1963. Wahlweise war das Modell als vier- oder sechstürige Limousine zu haben.

Modell:	MB 600 Pullman (W100)
Motor/Zylinder:	DOHC Reihenmotor/8
Geschwindigkeit:	max. 205 km/h
Hubraum in ccm:	6332
Leistung in PS/kW:	250/184
Bauzeit:	1964–1981

Mercury

Die Marke Mercury entstand 1939 bei der Firma Lincoln. Lincoln seinerseits gehörte seit 1922 zum Ford-Konzern und stand im Konzernverbund für große und nobel ausgestattete Limousinen und Staatskarossen. Zunächst war der Mercury ein einzelner Fahrzeugtyp, eine gehobene Ausstattungsversion eines Ford V8. Mit der Bildung der Marke Mercury wollte Ford gegen die Mittelklassemodelle von General Motors, gegen die Buick, Pontiac und Oldsmobile in der gehobenen Mittelklasse punkten. 1946 wurde bei Ford die Mercury-Lincoln-Division gebildet, um die Premium-Modelle des Fordkonzerns zu konzentrieren. Fahrzeuge mit der Marke Mercury wurden außer in den USA, Kanada und Mexiko in einigen Staaten am Golf und in Ostafrika verkauft.

Mercury Cougar (1973)

1967 ordnete sich der Mercury Cougar in den wachsenden Markt der Pony-Cars ein. Anfangs glaubte niemand an den Erfolg eines Wagens, der eigentlich nur ein gestreckter und teurerer Ford Mustang war. 260.000 Cougars verließen in den ersten beiden Verkaufsjahren die Bänder. 1974 kam ein neues Cougar-Modell, das sich deutlich vom Mustang unterschied und auf der Basis des Ford Elite entstand.

Modell:	Mercury Cougar II
Motor/Zylinder:	V-Motor/8
Geschwindigkeit:	max. 185 km/h
Hubraum in ccm:	5769
Leistung in PS/kW:	203/151
Bauzeit:	1973–1976

Mercury Cougar (1977)

Schon der 1973er-Cougar hatte die Pony-Car-Ära hinter sich gelassen. Auch die Neuauflage 1977 spielte nicht mehr in der Liga der Sportwagen, sondern der „Personal Luxury Cars". Technisch war er ein verkleinerter Thunderbird. Das Design war kantiger und strenger. In den drei Modelljahren liefen über 580.000 Einheiten vom Band. Das Coupé hieß nun XR-7.

Modell: Mercury Cougar (1977)
Motor/Zylinder: V-Motor/8
Geschwindigkeit: max. 185 km/h
Hubraum in ccm: 6556
Leistung in PS/kW: 175/129
Bauzeit: 1977–1979

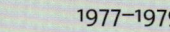

Mercury

Mercury Cougar (1983)

Die Cougars der fünften Generation kehrten zum Geist der Anfänge von 1967 zurück und wurden parallel zum Ford Thunderbird eingeführt. Der Cougar war nun wieder ein zweitüriges Coupé. Und der einzige Cougar, denn die Limousinen und Kombis fuhren unter anderen Typennamen.

Modell: Mercury Cougar (1983)
Motor/Zylinder: V-Motor/8
Geschwindigkeit: max. 190 km/h
Hubraum in ccm: 4942
Leistung in PS/kW: 157/115
Bauzeit: 1983–1988

MG

Die Firma Morris Garage – bekannter unter dem Kürzel MG – entstand 1922 und ein Jahr später entstand das erste Auto, das diesen Namen trug. MG wurde bekannt für außergewöhnliche und außergewöhnlich erfolgreiche Sportwagen. Dennoch wurde das Unternehmen in den Strudel der undurchsichtigen Verstaatlichungen und Privatisierungen, Fusionen und Trennungen, die den allmählichen Untergang der britischen Autoindustrie begleiteten, hineingerissen. 2005, als Teil der Rover MG Group,

schien für MG das endgültige Aus gekommen zu sein. 2007 erwarben die Chinesen MG aus der Konkursmasse und lassen seit 2008 wieder handgefertigte Sportwagen der Marke MG entstehen.

MG B GT

1962 präsentierte sich der MG B offen, 1965 kam er mit Blechdach als zweitüriges Coupé GT. In beiden Versionen wurde er einer der erfolgreichsten Wagen seiner Klasse und über 500.000-mal verkauft. 1974 wurde er amerikanischen Sicherheitsvorschriften angepasst und bekam dicke Gummilippen auf den Stoßstangen.

Modell:	MG B GT
Motor/Zylinder:	Reihenmotor/4
Geschwindigkeit:	max. 170 km/h
Hubraum in ccm:	1798
Leistung in PS/kW:	96/71
Bauzeit:	1965–1980

MG C/C GT

Der Vierzylindermotor des MG B befriedigte diejenigen Kunden nicht, die mit dem Sportwagen wirklich sportlich fahren wollten. Daher wurde der MG C mit einem Reihensechszylinder aus dem Austin 3-litre und einem V8 von Rover (1973–1976) ausgestattet. Dennoch wurde dieses Auto – weder auf der Straße noch im Verkauf – der Renner, der es werden sollte.

Modell:	MG C
Motor/Zylinder:	Reihenmotor/6
Geschwindigkeit:	max. 185 km/h
Hubraum in ccm:	2912
Leistung in PS/kW:	145/107
Bauzeit:	1967–1969

MG Montego

In der sogenannten M-Serie wurden zwischen 1982 und 1989 verschiedene Modelle von AustinRover in eine sportlichere Gestalt überführt: der Maestro, der Montego und der Metro. Von diesen drei mit M beginnenden AustinRover-Typen hatte die M-Serie ihren Namen. Der Montego Turbo beispielsweise war über 200 km/h schnell.

Modell:	MG Montego Turbo
Motor/Zylinder:	Reihenmotor/4
Geschwindigkeit:	max. 208 km/h
Hubraum in ccm:	1994
Leistung in PS/kW:	152/112
Bauzeit:	1982–1984

MG Metro

Der erfolgreichste Sportler in der M-Serie war der MG Metro, der auf dem Austin Metro beruhte. Eigentlich sollte der Metro den Mini ablösen, dabei hatte man aber wohl nicht mit dem Beharrungsvermögen des Geschmacks der Mini-Fans gerechnet. Für die Rallye-Saison wurde ein MG Metro 6R4 mit Sechszylinder-Mittelmotor entworfen.

Modell:	MG Metro Turbo
Motor/Zylinder:	Reihenmotor/4
Geschwindigkeit:	max. 177 km/h
Hubraum in ccm:	1275
Leistung in PS/kW:	95/70
Bauzeit:	1981–1989

Mini

Der Mini erblickte das Licht der automobilen Welt bei Austin und Morris im Jahre 1959. Seither hat er die wechselvolle Geschichte des britischen Automobilbaus mitgeschrieben. 1969 wurde aus dem Mini eine eigenständige Marke; diese Marke wurde von British Motor Corporation (BMC), später British Leyland und von Rover bzw. deren Lizenzpartnern (wie zum Beispiel Innocenti) gebaut. Mit Rover übernahm BMW 1994 auch Mini, doch anders als Rover, wovon sich BMW 2000 wieder trennte, blieb Mini im Portfolio von BMW und wird dort seit 2001 als eigenständige Marke geführt.

Mini 850

Technisch fortschrittlich, mit Frontantrieb und quer eingebautem Vierzylinder, erschien mit dem Mini ein Modell auf den Straßen, das die Herzen der Frauen (und auch vieler Männer) eroberte. Es wurde eine Erfolgsgeschichte, die – mit geringen technischen Verbesserungen – bis 2000 fortgeschrieben wurde. Kult wurde das Auto nicht zuletzt durch Mr. Bean und seine TV- und Filmauftritte.

Modell:	Mini 850
Motor/Zylinder:	Reihenmotor/4
Geschwindigkeit:	max. 115 km/h
Hubraum in ccm:	848
Leistung in PS/kW:	34/25
Bauzeit:	1959–1979

Mini Clubman

Die Minis gab es nicht nur mehr als fünf Millionen Mal, es gab sie auch in etlichen Varianten. Unglückseligerweise wollte British Leyland den Mini 1969 „modernisieren" und machte den Mini Clubman daraus. Neben der 1-Liter-Maschine kam auch noch ein 1,1-Liter-Motor ins Angebot.

Modell:	Mini Clubman
Motor/Zylinder:	Reihenmotor/4
Geschwindigkeit:	max. 119 km/h
Hubraum in ccm:	998
Leistung in PS/kW:	41/30
Bauzeit:	1969–1981

Mini 1275 GT

Schon 1964 hatte es einmal einen Mini mit 1275er-Motor gegeben. 1970 erschien erneut ein erstarkter Mini, dessen Frontpartie den Geist des Clubman nicht verleugnen konnte. In der bestmotorisierten Version leistete der Wagen 61 PS und gab sich in verschiedenen Ausstattungsdetails sehr sportlich.

Modell:	Mini 1275
Motor/Zylinder:	Reihenmotor/4
Geschwindigkeit:	max. 140 km/h
Hubraum in ccm:	1275
Leistung in PS/kW:	61/46
Bauzeit:	1970–1980

Mitsubishi

Hinter der Marke Mitsubishi verbergen sich mehr als 200 verschiedene Unternehmen, die nach dem Zweiten Weltkrieg aus dem zerschlagenen Rüstungskonzern Mitsubishi hervorgegangen sind. Mitsubishi Motors baut seit 1917 Autos und brachte das erste Serienmodell Japans auf den Markt. Im Zuge der japanischen Automobiloffensive war Mitsubishi seit 1977 auch in Deutschland präsent. Erfolgreich war man in Europa vor allem mit den Modellreihen Colt, Lancer und Galant. 2001 übernahm DaimlerChrysler die kriselnde Mitsubishi-Motorsparte, ließ sie aber schon 2004/2005 wieder fallen. Mitsubishi stand kurz vor dem Aus. Seit 2006 gibt es eine Kooperation mit dem französischen PSA-Konzern.

Mitsubishi Starion

Mit dem Starion begründete Mitsubishi in Japan die Turbolader-Ära. Auch nach Deutschland kamen die Modelle, die außerordentlich beliebt und gefragt waren. Seit 1987 wurden nach den 2-Liter-Motoren auch 2,6-Liter-Aggregate eingebaut. Der Starion plusterte sich auch äußerlich (mit ausgestellten Radkästen) entsprechend der Hubraumvergrößerung etwas auf.

Modell:	Mitsubishi Starion 2.6 Turbo (1989)
Motor/Zylinder:	Reihenmotor/4
Geschwindigkeit:	max. 208 km/h
Hubraum in ccm:	2555
Leistung in PS/kW:	172/127
Bauzeit:	1982–1990

Monteverdi

Der Schweizer Rennfahrer und Unternehmer Peter Monteverdi (1934–1998) besaß in Basel eine Garage und einen Vertrieb für Ferrari-Sportwagen und andere Fahrzeuge. 1952 begann er eigene Fahrzeuge zu konstruieren und unter seinem Namen zu vertreiben. Unter anderem entwickelte er 1961 den ersten Schweizer Formel-1-Rennwagen. Auf der IAA 1967 stellte Monteverdi erstmals sein eigenes Sportcoupé vor, das bald darauf als Monteverdi High Speed auf den Markt kam und zu Recht Beachtung und Bewunderung fand. Bei Spitzengeschwindigkeiten um die 255 km/h machte das Gefährt seinem Beinamen alle Ehre. Meist wurden großvolumige amerikanische Motoren verbaut.

Monteverdi Berlinetta 375 L Hemi

Nach dem gewiss schon nicht gerade leistungsschwachen Coupé versuchte Monteverdi 1971/72 noch einmal eins draufzusetzen. Er ließ seinen Karosseriegestalter Pietro Frua die Karosserie überarbeiten und schob einen 7-Liter-Chrysler-Motor, dem Monteverdi halbkugelförmige Brennräume gab, unters Blech.

Modell:	Monteverdi Berlinetta 375 L Hemi
Motor/Zylinder:	V-Motor/8
Geschwindigkeit:	max. 275 km/h
Hubraum in ccm:	6974
Leistung in PS/kW:	390/287
Bauzeit:	1971–1977

Monteverdi Sierra

Der Sierra schien ein Schritt zurück hinter erreichte Standards zu sein. Als Weiterentwicklung des 374/4 präsentierte man zunächst eine Oberklasse-Limousine, später ein Cabriolet mit einem abgespeckten Chrysler-Motor, der es auch mit den Drehzahlen (162–170 PS bei 3500 U/min) nicht übertrieb. Die Fahrleistungen blieben unter den Erwartungen der meisten Kunden.

Modell:	Monteverdi Sierra Cabriolet (1978)
Motor/Zylinder:	V-Motor/8
Geschwindigkeit:	max. 195 km/h
Hubraum in ccm:	5210
Leistung in PS/kW:	162/120
Bauzeit:	1977–1984

Monteverdi

Morgan

Die Firma Morgan Motors besitzt unter Sportwagenfans einen guten Klang. Dabei startete das Unternehmen, das 1909 von H. F. S . Morgan (1881–1959) gegründet wurde, alles andere als sportlich. Anfangs etablierte man sich als Hersteller von Dreiradfahrzeugen, Kleinlieferwagen mit zwei gelenkten Vorderrädern und einem angetriebenen Hinterrad, für die Einbaumotoren anderer Hersteller verwendet wurden. Erst Mitte der Dreißigerjahre wurde das erste vierrädrige Auto entwickelt. Dreiräder wurden noch bis 1952 gefertigt. Morgan aber wuchs nach dem Zweiten Weltkrieg zu einem Sportwagenhersteller heran, der im Retrodesign die frühen Autotage bis in die Gegenwart konservieren konnte.

Morgan Plus 8

Der Plus 8 wurde 1968 eingeführt. Das extrem leichte Fahrzeug (Leergewicht ca. 900 kg) erreichte mit seinem 3,5-Liter-V8-Motor von Rover für die damalige Zeit fantastische Fahrleistungen. Das Fahrwerk war nichts für Piloten mit schwachen Bandscheiben, aber dennoch (und vielleicht gerade deshalb) war der Plus 8 so erfolgreich.

Modell:	Morgan Plus 8 (1968)
Motor/Zylinder:	V-Motor/8
Geschwindigkeit:	max. 200 km/h
Hubraum in ccm:	3532
Leistung in PS/kW:	163/120
Bauzeit:	1968–2003

Morgan

Moskwitsch

1946 kam die komplette Fertigungslinie des Opel Kadett Modell 1938 als Reparationsleistung aus Rüsselsheim nach Moskau. Dort wurde in der „Moskauer Fabrik für kleinmotorige Automobile" ein neuer Fahrzeugtyp auf Opel-Basis entwickelt, welcher der Motorisierung der Sowjetunion aufhelfen sollte. Anfang der Sechzigerjahre gingen die neuen Typen 403 und 407, die sich nur in Details unterschieden, auch in den Export. In der DDR waren sie preislich etwas unterhalb des Wartburgs angesiedelt. Dem Plus der Zuverlässigkeit und Belastbarkeit der Moskwitsch-Fahrzeuge stand das Minus verschiedener Verarbeitungsmängel und die Rostanfälligkeit gegenüber.

Moskwitsch 408/412

Der Moskwitsch 408 setzte der seit Ende der Fünfzigerjahre erfolgreichen Konstruktion der 403/407-Baureihe quasi eine neue, zeitgemäßere Karosserie auf. Die Technik blieb die alte (mit einem um immerhin 5 PS erstarkten Motor). Mit dem Modell 412 – nun wiederum äußerlich fast unverändert – zog neue Technik, vor allem ein neuer Motor in den Moskwitsch ein.

Modell:	Moskwitsch 408
Motor/Zylinder:	Reihenmotor/4
Geschwindigkeit:	max. 130 km/h
Hubraum in ccm:	1358
Leistung in PS/kW:	50/37
Bauzeit:	1965/1969–1974/1976

Moskwitsch 2140

Mit überarbeiteter Karosserie, aber technisch im Wesentlichen auf dem Stand des zehn Jahre alten 412, erschien 1975 der 2140. Seine Beliebtheit litt unter den erfolgreichen und leistungsfähigen Lada-Modellen, die auch weniger Verarbeitungsmängel aufwiesen. Dadurch wurde der Moskwitsch in der DDR schließlich immer seltener.

Modell:	Moskwitsch 2140
Motor/Zylinder:	Reihenmotor/4
Geschwindigkeit:	max. 150 km/h
Hubraum in ccm:	1478
Leistung in PS/kW:	75/56
Bauzeit:	1975–1990

Moskwitsch 21251

Nicht ganz entschieden zwischen einem Kombi – den gab es in der Version 412 als Moskwitsch 427 – und einer eigenständigen Fließheckkarosserie wirkt der Moskwitsch 21251. Er entstand auf der Basis des 412, von dem er sich technisch kaum unterschied. In die DDR gelangte dieser Typ, der im Zweigwerk Ischewsk hergestellt wurde, nicht.

Modell:	Moskwitsch 21251
Motor/Zylinder:	Reihenmotor/4
Geschwindigkeit:	max. 150 km/h
Hubraum in ccm:	1478
Leistung in PS/kW:	75/56
Bauzeit:	1982–1997

Moskwitsch

NSU

Gegründet als Strickmaschinenfabrik in Riedlingen, 1880 nach Neckarsulm umgezogen, begann NSU 1886 mit dem Bau von Fahrrädern und 1901 mit der Herstellung von Motorrädern. Nach ersten Motorwagen begann nach dem Ersten Weltkrieg die Automobilproduktion. In Heilbronn wurde ein Zweigwerk errichtet, das aber im Gefolge der Weltwirtschaftskrise an FIAT verkauft wurde. Nach dem Zweiten Weltkrieg begann zunächst wieder die Motorradproduktion. Seit 1958 rollte dann der legendäre NSU Prinz auf vier Rädern durch die Straßen. Verdient machte sich NSU um die Einführung von Rotationskolbenmotoren. Seit 1969 mit der VW-eigenen Autounion fusioniert, ist die heutige Audi AG im Grunde eine mehrfach umfirmierte NSU.

NSU Prinz 4

Mit der typischen Pontonform – manche sagten auch Wannendesign dazu – erschien 1961 der vierte NSU Prinz. Ein Kleinwagendesign, das von FIAT bis Saporoshez Schule machte. Der Prinz 4 blieb wohl etwas zu lange im Programm, auch eine sanfte Modellpflege änderte 1969 nichts daran, dass er im Inland kaum noch Abnehmer fand.

Modell:	NSU Prinz 4
Motor/Zylinder:	Reihenmotor/2
Geschwindigkeit:	max. 120 km/h
Hubraum in ccm:	598
Leistung in PS/kW:	30/22
Bauzeit:	1961–1973

NSU 1200

1965 erstarkte der Prinz weiter; seine Freunde und Fahrer wollten es so. Zunächst mit einem 1085-ccm-Motor als NSU 110 herausgebracht, wurde seit 1966 ein 1177-ccm-Aggregat eingebaut und das Fahrzeug 1967 – mit dem Wegfall des Namens Prinz für den 1000er – in NSU 1200 umbenannt.

Modell:	NSU 1200
Motor/Zylinder:	Reihenmotor/4
Geschwindigkeit:	max. 138 km/h
Hubraum in ccm:	1177
Leistung in PS/kW:	56/41
Bauzeit:	1966–1973

NSU Prinz 1000

Nun mit Vierzylindermotor, der quer im Heck eingebaut war, ging 1964 der NSU Prinz 1000 in Serie. Der neue Motor leistete 45 PS und brachte das leer nur 650 kg schwere Gefährt sehr ordentlich in Schwung. Äußerlich entsprach der Prinz 1000 dem Prinz 4 – nur leicht verlängert. 1967 wurde auf Normalbenzin umgestellt und der Name Prinz entfiel.

Modell:	NSU Prinz 1000
Motor/Zylinder:	Reihenmotor/4
Geschwindigkeit:	max. 135 km/h
Hubraum in ccm:	996
Leistung in PS/kW:	44/32
Bauzeit:	1964–1972

NSU 1000 TTS

Als man bei NSU merkte, dass der leichte, aber flotte Prinz motorsportliches Potenzial hatte, stellte man ihm den Prinz TT zur Seite. Mit dem TT sollte an die Tourist Trophy-Erfolge der NSU-Motorräder erinnert werden. Die TTS-Versionen waren speziell für den Rallyesport optimiert. Die TT-Prinzen gab es auch mit 1085 und 1177 ccm Hubraum.

Modell:	NSU 1000 TTS
Motor/Zylinder:	Reihenmotor/4
Geschwindigkeit:	max. 156 km/h
Hubraum in ccm:	996
Leistung in PS/kW:	71/52
Bauzeit:	1965–1972

NSU Ro 80

1967 überraschte NSU die Fachwelt mit dem ersten standfesten Rotationskolbenmotor in einem Serien-PKW. Das war das Debüt des NSU Ro 80. Revolutionär wie das Motorenkonzept war auch die Karosserieform der Mittelklassen-Limousine, deren Aerodynamik die Standards der Achtzigerjahre vorwegnahm.

Modell:	NSU Ro 80
Motor/Zylinder:	Zweischeiben-Wankelmotor/2
Geschwindigkeit:	max. 188 km/h
Hubraum in ccm:	2 x 497,5
Leistung in PS/kW:	115/85
Bauzeit:	1967–1977

Opel

Der Begründer der Adam Opel AG begann 1862 mit der Fertigung von Nähmaschinen. Aber die Begeisterung für laufende Teile übertrug sich auf die Fahrradproduktion, mit der seine Söhne die Adam Opel AG um 1890 zum größten Fahrradproduzenten der Welt machten. Mit der Automobilproduktion begann man 1898. 1929 übernahm, angesichts der Weltwirtschaftskrise, General Motors das Unternehmen. Der unverwüstliche Opel P4 von 1931 war – zumindest in der DDR – noch bis in die Sechzigerjahre auf den Straßen zu sehen. Nach dem Zweiten Weltkrieg begann man relativ früh wieder mit der Fertigung des Vorkriegsmodells Olympia. Mit den Typen Kapitän, Rekord und Kadett schrieb Opel Nachkriegsautomobilgeschichte.

Opel Rekord E1

Als Nachfolgemodell der Baureihe D präsentierte Opel 1977 den Rekord der Baureihe E1. Er fußte im Wesentlichen auf der Technik des Vorgängers, besonders beliebt war der großzügige Kombi Caravan, der sich als Familienmobil etablierte. Die schwächeren Motoren wurden zunehmend unbeliebt und Hubraumgrößen ab 2 Liter bevorzugt.

Modell:	Opel Rekord 2.0 S
Motor/Zylinder:	Reihenmotor/4
Geschwindigkeit:	max. 173 km/h
Hubraum in ccm:	1979
Leistung in PS/kW:	100/75
Bauzeit:	1977–1982

Opel Rekord D

Nachdem sich die ersten drei Baureihen eher in amerikanischen Formen gefielen, rollte der Rekord D 1971 in einem mehr europäisch gestalteten Gewand zu den Händlern und Kunden. Verschiedene Motoren – vom 1,7-Liter Benziner bis zum 2,1-Liter Diesel – wurden verbaut; die Limousine gab es zwei- oder viertürig, den Kombi drei- oder fünftürig und außerdem gab's ein Coupé.

Modell:	Opel Rekord 1700 S (1972)
Motor/Zylinder:	Reihenmotor/4
Geschwindigkeit:	max. 153 km/h
Hubraum in ccm:	1698
Leistung in PS/kW:	75/56
Bauzeit:	1971–1977

Opel Commodore B

Der Opel Commodore folgte im Aufbau dem Opel Rekord D, mit dem er weitgehend parallel gebaut wurde. Nur blieben dem neu aufgelegten Commodore – auch 1967–1971 war der Commodore dem Rekord C gefolgt – diesmal die Sechszylindermotoren vorbehalten, um eine bessere Positionierung des Typs vornehmen zu können. Ca. 100.000 Limousinen und 40.000 Coupés wurden gebaut.

Modell:	Opel Commodore B
Motor/Zylinder:	Reihenmotor/6
Geschwindigkeit:	max. 177 km/h
Hubraum in ccm:	2490
Leistung in PS/kW:	115/86
Bauzeit:	1972–1977

Opel

Opel Kadett B LS 1100

Neben der Stufenhecklimousine bot Opel für den Kadett B auch eine Fließheck-limousine an, die zwischen 1967 und 1970 gebaut wurde. Ab Sommer 1967 wurde bei allen Kadetts – und von Anfang an bei den Fließheckmodellen – die passive Sicherheit verbessert und eine Zweikreisbremsanlage eingebaut.

Modell:	Opel Kadett LS 1100
Motor/Zylinder:	Reihenmotor/4
Geschwindigkeit:	max. 140 km/h
Hubraum in ccm:	1078
Leistung in PS/kW:	60/44
Bauzeit:	1967–1970

Opel Kadett B

Der Kadett B wurde erstmals auf der IAA 1965 präsentiert. Er traf den Nerv der Zeit und die Bedürfnisse der Fahrer mit kleine-rem Portemonnaie. Hatte schon der Kadett A, für den in Bochum eigens ein Zweigwerk errichtet worden war, erfolgreich die VW-Käfer angegriffen, so entwickelte sich mit dem Kadett B nun allmählich eine richtig-gehende Typ-Familie.

Modell:	Opel Kadett B
Motor/Zylinder:	Reihenmotor/4
Geschwindigkeit:	max. 125 km/h
Hubraum in ccm:	1078
Leistung in PS/kW:	45/33
Bauzeit:	1965–1973

Opel Kadett C

Auch die dritte Kadett-Auflage wurde zu einem Erfolgsmodell. Den Kadett C gab es als zwei- und viertürige Stufenhecklimousine, als Coupé und als Kombi. Sogar ein verkürztes Modell mit vergrößerter Heckklappe wurde als Kadett City angeboten und dem werten Publikum als Zweitwagen für die innerstädtische Einkaufstour angedient. Der kleinste Kadett lief mit 1-Liter-Motor.

Modell:	Opel Kadett
Motor/Zylinder:	Reihenmotor/4
Geschwindigkeit:	max. 120 km/h
Hubraum in ccm:	993
Leistung in PS/kW:	40/30
Bauzeit:	1973–1979

Opel Kadett C Coupé

Kadett-Coupés erfreuten sich großer Beliebtheit. Als Topmodell fuhr der Kadett GT/E 2000 E auf, ein Coupé, das mit seinem Einspritzer 115 PS auf die Straße brachte. Von diesem Spitzenmodell wurden nur etwas mehr als 2200 Wagen gebaut. Mit der 2-Liter-Maschine war auch der speziell für Rallye-Aufgaben abgestimmte Rallye-Kadett 2000 E unterwegs.

Modell:	Kadett GT/E 2000 E
Motor/Zylinder:	Reihenmotor/4
Geschwindigkeit:	max. 190 km/h
Hubraum in ccm:	1979
Leistung in PS/kW:	115/86
Bauzeit:	1976–1978

Opel Monza

Der Opel Monza war das Coupé-Pendant zum Opel Senator; mit ihm teilte er die gemeinsame Basis vom Opel Rekord E. Bei der Premiere des Wagens überzeugte besonders das Fahrwerk mit den neuen Schräglenker-Hinterachsen. Technisch mit dem Senator weitgehend identisch, erfuhr der Monza auch die gleichen Modellpflegemaßnahmen wie die Limousine.

Modell:	Opel Monza GSE 3.0 i
Motor/Zylinder:	Reihenmotor/6
Geschwindigkeit:	max. 215 km/h
Hubraum in ccm:	2968
Leistung in PS/kW:	180/132
Bauzeit:	1978–1986

Opel Diplomat B

Die zweite Generation des Diplomat erschien, wie die gesamte zweite KAD-Baureihe (nach den Initialen der Modelle Kapitän, Admiral und Diplomat), 1969. Der Kapitän ging schon 1970 endgültig von Bord, der Admiral 1976 in den Ruhestand und der Diplomat übergab die Geschäfte 1977 an den Senator. Der V8-Diplomat hatte außer der DeDion-Hinterachse auch vier innenbelüftete Scheibenbremsen.

Modell:	Opel Diplomat
Motor/Zylinder:	V-Motor/8
Geschwindigkeit:	max. 202 km/h
Hubraum in ccm:	5354
Leistung in PS/kW:	230/169
Bauzeit:	1969–1977

Opel Senator A

Die wohlbeleibten Senatoren der Baureihe litten Zeit ihres aktiven Modelldaseins am nicht ganz so noblen Image der Marke Opel. Wer aber eine gut motorisierte, fahrsichere und bei einem fairen Preis gut ausgestattete Oberklassen-Limousine zu schätzen wusste, stieg damals in einen Senator.

Modell:	Opel Senator 3.0 E
Motor/Zylinder:	Reihenmotor/6
Geschwindigkeit:	max. 210 km/h
Hubraum in ccm:	2968
Leistung in PS/kW:	180/132
Bauzeit:	1978–1986

Opel Ascona A

Der Ascona wurde 1970 als neue Modellreihe zwischen den kleinen Kadett und den Mittelklassewagen Rekord eingeschoben. Fahrwerk und Motorisierung waren vom Kadett abgeleitet worden. Drei Hubraumklassen wurden angeboten: Auf den 1584er-Motor folgte 1971 der 1897er und 1972 der kleinere 1196er-Motor.

Modell:	Opel Ascona A 1600
Motor/Zylinder:	Reihenmotor/4
Geschwindigkeit:	max. 145 km/h
Hubraum in ccm:	1584
Leistung in PS/kW:	68/50
Bauzeit:	1970–1975

Opel Ascona B

Opel setzte schon sehr früh auf die Nutzung einheitlicher Plattformen für verschiedene Fahrzeugtypen. So teilten sich der Manta B und der Ascona B zahlreiche Baugruppen. Die Motorenpalette des Vorgängermodells wurde nach und nach erweitert. Nach mehr als 1,5 Mio. Einheiten endete die Produktion 1981; Nachfolger wurde der frontgetriebene Ascona C.

Modell:	Ascona
Motor/Zylinder:	Reihenmotor/4
Geschwindigkeit:	max. 167 km/h
Hubraum in ccm:	1998
Leistung in PS/kW:	90/67
Bauzeit:	1975–1981

Opel Manta A

Auch wenn Manta-Witze weniger dem Auto galten als vielmehr den Jungs, die es fuhren, hatte es der Manta immer schwer, ernst genommen zu werden. Der Manta war das Coupé, das zum Ascona gehörte, es nutzte seine Basis und seine Motorisierung. Ab 1974 gab es den bei jungen Männern besonders beliebten GT/E-Einspritzer mit 105 PS.

Modell:	Opel Manta 1900
Motor/Zylinder:	Reihenmotor/4
Geschwindigkeit:	max. 170 km/h
Hubraum in ccm:	1897
Leistung in PS/kW:	90/66
Bauzeit:	1970–1975

Opel Manta B

Die zweite Generation des Sportcoupés erschien 1975. 1978 stellte ihm Opel ein Fließheckcoupé mit großer Heckklappe an die Seite. Bei der Modellpflege von 1982 wurde die Frontpartie überarbeitet und mit auffallenden Plastik-Spoilern versehen. 534.000 Einheiten wurden bis 1988 gebaut; aus dem normalen Straßenverkehr sind sie weitgehend verschwunden.

Modell:	Opel Manta 2.0 GTE Coupé (1982)
Motor/Zylinder:	Reihenmotor/4
Geschwindigkeit:	max. 193 km/h
Hubraum in ccm:	1979
Leistung in PS/kW:	110/82
Bauzeit:	1975–1988

Opel GT

Das zweisitzige Coupé geht auf Designstudien im Konzern zurück. Letztendlich wurde beim Bau des Gran Turismo auf bewährte Bauteile der Serienmodelle zurückgegriffen, etwa den 1,1-Liter-Motor aus dem Kadett (von dem auch Bodengruppe und Fahrwerk stammten) oder den 1,9-Liter-Motor aus dem Rekord C. Der Opel GT darf seit 2003 in Deutschland das H-Kennzeichen (für historische Fahrzeuge) führen.

Modell:	Opel GT 1900
Motor/Zylinder:	Reihenmotor/4
Geschwindigkeit:	max. 187 km/h
Hubraum in ccm:	1897
Leistung in PS/kW:	90/66
Bauzeit:	1968–1973

Panther

Wenn Briten sich Autos erträumen, kommen manchmal wundersame Schöpfungen dabei heraus. Wenn der träumende Brite ein reicher Mann ist, entstehen im besten Fall exklusive Sportwagen. Die Exklusivität mag darin bestehen, dass man – mit der Technik der Siebzigerjahre – ein Fahrgefühl erlebt wie 1920. Erfolgreich war das Konzept auf jeden Fall. Panther Westwinds legten eine Reihe interessanter Sportwagen im Retro-Look auf, bevor die Firma seit Ende der Achtzigerjahre eine südkoreanische Automarke wurde. 1994 wurde aus Korea die Einstellung der Produktion gemeldet. Doch ist der Panther Kallista wohl immer noch in Südkorea zu haben.

Panther J 72

Retrodesign für den ersten Draufblick; (seinerzeit) moderne Technik für den Einblick – und der Reihensechszylinder aus dem Jaguar XJ (in einzelnen Exemplaren atmet sogar der wuchtige V12-Motor von Jaguar) – viel Aluminium (und später Kunststoff): Das macht den J 72 mittlerweile zu einem anerkannten Mitglied der Youngtimer-Familie.

Modell:	Panther J 72
Motor/Zylinder:	Reihenmotor/6
Geschwindigkeit:	max. 190 km/h
Hubraum in ccm:	4235
Leistung in PS/kW:	186/137
Bauzeit:	1972–1980

Panther Lima

Klassisches Design und moderne (und dazu preiswerte) Technik: So lässt sich das Erfolgskonzept des Panther Lima umschreiben. Serientechnik von Vauxhall und eine an Bugatti erinnernde Linienführung. Im Ergebnis entstand eine relativ hohe Stückzahl des Lima, jedoch wurden immer wieder einmal Fertigungsmängel kritisiert.

Modell:	Panther Lima
Motor/Zylinder:	Reihenmotor/4
Geschwindigkeit:	max. 175 km/h
Hubraum in ccm:	2279
Leistung in PS/kW:	109/80
Bauzeit:	1974–1980

Panther

Panther Kallista

Als der Panther Kallista 1982 vorgestellt wurde, ließ er sich noch von einem 2,8-Liter-Saugermotor in Fahrt bringen. Zwei Jahre später spendierte Ford einen formidablen Einspritzer mit mehr Leistung und sparsamerem Verbrauch. Ein seltener Fall: Der Kallista war bei seiner Einführung preiswerter als das Vorgängermodell Lima.

Modell:	Panther Kallista (1984)
Motor/Zylinder:	V-Motor/6
Geschwindigkeit:	max. 193 km/h
Hubraum in ccm:	2792
Leistung in PS/kW:	150/112
Bauzeit:	1982–1992

Peugeot

Peugeot 204

Der 204 war der erste Peugeot mit Frontantrieb. Neben dem modernen Antriebskonzept überzeugte der „Kleine" auch mit Einzelradaufhängung rundum und Scheibenbremsen vorn. Der Motorblock des quer eingebauten Motors bestand aus Aluminium. Den 204 gab es auch als Kombi (Break) und als Cabriolet.

Modell:	Peugeot 204
Motor/Zylinder:	Reihenmotor/4
Geschwindigkeit:	max. 142 km/h
Hubraum in ccm:	1130
Leistung in PS/kW:	48/36
Bauzeit:	1964–1976

Armand Peugeot (1849–1915) gilt als der Pionier des französischen Automobilbaus. Auf seine Initiative (und seinen Namen) geht eine der ältesten Automarken der Welt zurück. Wie viele andere Automobilunternehmen begann auch Peugeot – 1881 – mit der Herstellung von Fahrrädern. Die Automobilproduktion begann schon vor dem Ersten Weltkrieg und erreichte mit der Vorstellung des Modells 201 im Jahr 1929 einen ersten Höhepunkt. Nach dem Zweiten Weltkrieg war schon 1948 das Modell 203 erfolgreich, außerdem erwies sich Peugeot als Pionier bei der Dieselmotorisierung von PKWs. Seit 1976 ist Peugeot mit Citroën in der PSA-Gruppe vereint.

Peugeot 404

Der Peugeot 404 erschien 1960 als eleganter, zeitgemäß wirkender Wagen der Mittelklasse, für dessen äußere Anmutung Pininfarina verantwortlich zeichnete. Er wurde einige Zeit parallel zu seinem Vorgängermodell gefertigt und war nicht nur in Europa erfolgreich, sondern auch im französischsprachigen Teil Afrikas; hier wurde das Fahrzeug lange Jahre als Taxi eingesetzt.

Modell:	Peugeot 404 (injection)
Motor/Zylinder:	Reihenmotor/4
Geschwindigkeit:	max. 150 km/h
Hubraum in ccm:	1618
Leistung in PS/kW:	80/59
Bauzeit:	1960–1973

Peugeot 304

Im Oktober 1969 erschien der Peugeot 304 zunächst als Limousine, im Verlauf des Jahres 1970 auch als Coupé, als Kombi und als Cabriolet. Technisch basierte der 304 auf dem 204, dem er auch äußerlich ähnelte. Neu kam ein quer eingebauter 1,3-Liter-Motor hinzu. Häufig wurde die Rostanfälligkeit der Karosserie und Bodengruppe kritisiert.

Modell:	Peugeot 304
Motor/Zylinder:	Reihenmotor/4
Geschwindigkeit:	max. 145 km/h
Hubraum in ccm:	1288
Leistung in PS/kW:	66/48
Bauzeit:	1969–1980

Peugeot

Peugeot 304 Cabriolet

Das im März 1970 erschienene Cabriolet löste – ebenso wie das Coupé – die entsprechenden Modelle des Vorgängertyps 204 ab, während die 204-Limousine noch bis 1976 parallel weiterproduziert wurde. Ab März 1972 verdrängten die neuen 75 PS starken Modelle mit Doppelvergaser die herkömmlichen Zweitürer aus dem Programm.

Modell:	Peugeot 304S Cabriolet (1972)
Motor/Zylinder:	Reihenmotor/4
Geschwindigkeit:	max. 160 km/h
Hubraum in ccm:	1288
Leistung in PS/kW:	75/55
Bauzeit:	1970–1980

Peugeot 504

Das Designbüro Pininfarinas sorgte dafür, dass der 1968 eingeführte Peugeot 504 eine bestimmte Familienähnlichkeit erkennen ließ, indem er zum Beispiel Motive aus der Frontgestaltung des 304 wieder aufnahm. Der 504 ergänzte die Modellpalette nach oben; vier Motorisierungen von 1,8 bis 2,1 Liter Hubraum wurden angeboten.

Modell:	Peugeot 504
Motor/Zylinder:	Reihenmotor/4
Geschwindigkeit:	max. 160 km/h
Hubraum in ccm:	1796
Leistung in PS/kW:	83/61
Bauzeit:	1968–1983

Peugeot 504 Cabriolet

Mit einem um 19 cm verkürzten Radstand fanden die Zweitürer des 504 in Form des Coupés und des Cabriolets 1969 den Weg auf die Straße. Anfangs mit 2-Liter-Einspritzern mobil gemacht, kamen zwischen 1974 und 1981 (im Coupé bis 1983) auch V6-Motoren unter die Haube.

Modell:	Peugeot 504 Cabriolet (1974–1981)
Motor/Zylinder:	V-Motor/6
Geschwindigkeit:	max. 186 km/h
Hubraum in ccm:	2664
Leistung in PS/kW:	144/107
Bauzeit:	1969–1983

Peugeot

Peugeot 604

Mit dem Modell 604 fuhr Peugeot nach langer Abstinenz wieder ins Segment der oberen Mittelklasse hinein. Neben dem Reihenvierzylinder arbeitete der gleiche V6-Motor wie im 504 Coupé, seit 1983 bildete der GTi die Spitzenmotorisierung. Seit 1979 gab es auch einen Turbodiesel. Nicht nur französische Offizielle schätzten dieses Fahrzeug, auch in Erich Honeckers Fuhrpark befand sich ein 604.

Modell:	Peugeot 604
Motor/Zylinder:	V-Motor/6
Geschwindigkeit:	max. 190 km/h
Hubraum in ccm:	2849
Leistung in PS/kW:	155/116
Bauzeit:	1975–1985

Plymouth

Die Marke Plymouth wurde 1928 von Chrysler installiert, um mit massenbedarfstauglichen Mittelklassewagen gegen die Konkurrenten von Ford und General Motors anzutreten. Der Markenname erinnert an den Landungsort der Mayflower in Massachusetts. Als zweitgrößter Automobilhersteller zog Chrysler in den Vierzigerjahren sogar an Ford vorbei. Plymouth-Automobile hatten den Ruf, preiswert, belastbar, technisch fortschrittlich und von langer Lebensdauer zu sein. Eine unentschiedene Modell- und Markenpolitik innerhalb von Chrysler bzw. DaimlerChrysler brachte die Marke mehr und mehr ins Hintertreffen, bis sie schließlich nach 2001 erlosch.

Plymouth Barracuda

Mit dem Plymouth Barracuda trat Chrysler an, um den Ford Mustang herauszufordern, bevor dieser erschien. Schnell setzte man dem vorhandenen Plymouth Valiant eine gewaltige Glaskuppel aufs Heck, überarbeitete die Front und war zwei Wochen vor dem Mustang am Markt. Später wich die Glaskuppel einem dezenter gestalteten Heck. Die Typenbezeichnung 440 ergab sich aus dem Hubraum von 440 Kubik-Inch.

Modell:	Plymouth Barrcuda 440
Motor/Zylinder:	V-Motor/8
Geschwindigkeit:	max. 240 km/h
Hubraum in ccm:	7206
Leistung in PS/kW:	395/290
Bauzeit:	1967–1969

Pontiac

Die Marke Pontiac wurde 1926 von General Motors geschaffen. Den Namen entlieh man sich von einem berühmten Stammeshäuptling der Ottawa-Indianer. Mit Pontiac sollte die damals teure Marke Oakland einen preiswerteren Unterbau bekommen – und Oakland wurden in Pontiac, Michigan, hergestellt. Die Marke blieb über den Anlass hinaus erhalten, während Oakland erlosch. Die meisten Pontiacs waren in der oberen Mittelklasse oder im Sportwagensegment angesiedelt. Erst seit den Siebziger- und Achtzigerjahren wurde die Marke Pontiac auch durch Kompakt- und Kleinwagen repräsentiert.

Pontiac Firebird Trans Am

Im Zuge der Energiekrise von 1973 griff die US-Regierung massiv in die Autoindustrie ein und wies die drei Großen – GM, Ford und Chrysler – unmissverständlich an, sie hätten den Gürtel enger zu schnallen. Die Zeit der großvolumigen amerikanischen Renner schien vorbei – aber da war der 1970er-Pontiac schon auf der Straße. Dessen Leistungen wurden auf 290 PS heruntergeregelt und dafür 1973 mehr Wert auf Innenausstattung gelegt.

Modell:	Pontiac Trans Am (1970)
Motor/Zylinder:	V-Motor/8
Geschwindigkeit:	max. 217 km/h
Hubraum in ccm:	7467
Leistung in PS/kW:	340/250
Bauzeit:	1970–1974

Pontiac Firebird Formula 400

Die Wiederauflage des 6,6-Liters – aus der Volumenzahl 400 Kubik-Inch leitete sich die Typbezeichnung „Formula 400" ab – signalisierte die Vereinigung von Fahrspaß und mehr Effizienz. Äußerlich gab sich der Feuervogel mit leicht nach hinten gezogener Frontpartie schnittiger.

Modell:	Pontiac Firebird
	Formula 400 (1974)
Motor/Zylinder:	V-Motor/8
Geschwindigkeit:	max. 190 km/h
Hubraum in ccm:	6555
Leistung in PS/kW:	223/164
Bauzeit:	1974–1977

Pontiac Firebird Trans Am

Bei der Modellpflege von 1977 wurde der Firebird der 2. Generation ein weiteres Mal überarbeitet: an der Frontpartie, wo die eckigen Scheinwerfer in den Kühlergrill integriert wurden. Die inneren Werte zeigten sich an einer neuen Motorenpalette – Serienmotoren aus dem GM-Regal von Buick, Chevrolet, Oldsmobile oder Pontiac selbst. Spitzenmotorisierung war der 6,6-Liter-V8.

Modell:	Pontiac Firebird
	Trans Am
Motor/Zylinder:	V-Motor/8
Geschwindigkeit:	max. 190 km/h
Hubraum in ccm:	6686
Leistung in PS/kW:	200/147
Bauzeit:	1977–1981

Pontiac Firebird Formula

Für die Markteinführung der dritten Firebird-Generation war ein besonderer Coup gelungen. Man positionierte den Typ als futuristisches Wunderauto in der TV-Serie Knight Rider. Klappscheinwerfer wurden jetzt typisches Frontmerkmal, die Motorisierung reichte vom 2,5-Liter-Vierzylinder bis zum 5,7-Liter-Achtzylinder.

Modell:	Pontiac Firebird
	Formula (1987)
Motor/Zylinder:	V-Motor/8
Geschwindigkeit:	max. 209 km/h
Hubraum in ccm:	5730
Leistung in PS/kW:	238/177
Bauzeit:	1982–1992

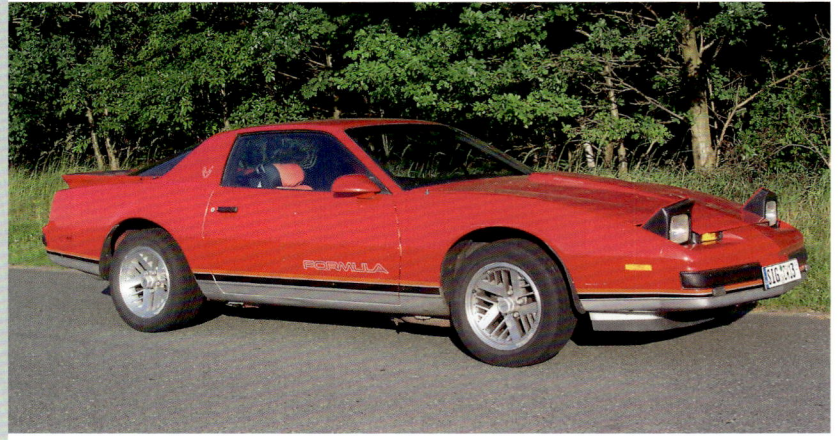

Porsche

Ein Hersteller ist dann erfolgreich, wenn er die Autos baut, die seine Kunden fahren wollen. Eine Binsenweisheit. Überraschenderweise versuchen immer wieder Ingenieure und Unternehmen, andere Autos zu bauen, als ihre Kunden fahren wollen. Das hat schon Weltunternehmen an den Rand des Abgrunds gebracht – und auch kleine Hersteller wie die Firma Porsche. Nach dem Zweiten Weltkrieg konnte sich Ferdinand Porsche von den Tantiemen, die er für jeden hergestellten Volkswagen-Käfer bekam, seine eigene Firma aufbauen. Legendäre Fahrzeuge entstanden, aber auch solche, die der Kunde nicht mochte. Seit Mitte der Neunzigerjahre ist Porsche mit einer neuen Modellpolitik wieder auf der Überholspur. Nach der Teilübernahme im Jahr 2009 wurde das Unternehmen 2012 vom VW-Konzern komplett übernommen.

Porsche 911 E

Seit 1968 fertigte Porsche die Serie B des 1963 erstmals vorgestellten Erfolgsmodells 911. Gegenüber der ersten Serie war der Radstand um 57 mm gewachsen. Mit dem Modell E dieser Serie passte man den Porsche 911 an amerikanische Abgasvorschriften an. In den Folgejahren wurden die Serien E und D mit größervolumigen Motoren produziert.

Modell:	Porsche 911 E (1970)
Motor/Zylinder:	Boxermotor/6
Geschwindigkeit:	max. 220 km/h
Hubraum in ccm:	2195
Leistung in PS/kW:	155/114
Bauzeit:	1970 - 1971

Porsche 911 Carrera RS

Das sportliche Topmodell mit auf 2,7 Liter aufgebohrtem Boxermotor ist der klassische Straßenrenner. Eine modifizierte Benzineinspritzung und geschmiedete Flachkolben trugen zu Erfolg und Leistungskraft des Motors bei. Das Fahrzeug erhielt den Beinamen „Carrera", den Leistungszuwachs dokumentiert auch der auffällige Heckspoiler.

Modell:	Porsche 911 Carrera RS
Motor/Zylinder:	Boxermotor/6
Geschwindigkeit:	max. 240 km/h
Hubraum in ccm:	2687
Leistung in PS/kW:	210/154
Bauzeit:	1972–1975

Porsche 911 E

Seit 1971 fertigte Porsche die Serie E, seit August 1972 rollte schon die Serie F aus der Halle. Die Hubraumvolumina wuchsen weiter, die Modelle wurden von Super- auf Normalbenzin umgestellt, die Leistungszuwächse waren gering. Der Radstand wuchs um minimale 3 mm an, bei der Serie F wurde dem Porsche ein 80 Liter fassender Tank spendiert.

Modell:	Porsche 911 E (1972)
Motor/Zylinder:	Boxermotor/6
Geschwindigkeit:	max. 220 km/h
Hubraum in ccm:	2341
Leistung in PS/kW:	165/123
Bauzeit:	1972

Porsche 911 Carrera (G und I)

1973 wurde, mit Hinblick auf geänderte Sicherheitsvorschriften in den USA, ein Facelifting erforderlich, das den Porsche-Modellen neue dicke Stoßfänger mit integrierten Pralldämpfern bescherte. Der Wagen wurde 14 cm länger, am Heck blitzte ein durchgehendes Leuchtenband. Mit dem G-Modell war seit August 1973 auch ein Targa-Coupé lieferbar.

Modell:	Porsche 911 Carrera
Motor/Zylinder:	Boxermotor/6
Geschwindigkeit:	max. 235 km/h
Hubraum in ccm:	2994
Leistung in PS/kW:	200/149
Bauzeit:	1973 - 1977

Porsche 911 Turbo

1974 wurde der „Super-911", der Porsche Turbo, auf dem Pariser Autosalon vorgestellt, 1975 ging er in Serie. Zunächst mit 3-Liter-Motor, seit 1977 auch mit 3,3-Liter-Aggregat. Mit Ladeluftkühlung wurden zunächst nur die Coupés gebaut, 1987 kamen dann auch ein Cabrio und ein Targa als Turboversion auf den Markt.

Modell:	Porsche 911 Turbo
Motor/Zylinder:	Boxermotor/6
Geschwindigkeit:	max. 246 km/h
Hubraum in ccm:	2994
Leistung in PS/kW:	260/194
Bauzeit:	1975–1989

Porsche

Porsche

Porsche 930 Turbo 3.3

In den Jahren zwischen 1981 und 1987 wurde der Porsche 930 Turbo 3.3 in Flachbauweise in kleiner Stückzahl ausgeliefert. Das Modell wurde zunächst nur auf Kundenwunsch von der Porsche Exclusivabteilung gebaut. Das Fahrzeug ist aber ein ganz normaler 930er Turbo. Der Wagen wurde allerdings von seinen Besitzern meist sehr indiviuell mit Bausätzen und Tunern ergänzt und umgerüstet, so dass kaum noch ein Modell dem anderen gleicht.

Modell:	Porsche 930 Turbo 3.3
Motor/Zylinder:	Boxermotor/6
Geschwindigkeit:	max. 265 km/h
Hubraum in ccm:	3299
Leistung in PS/kW:	300/224
Bauzeit:	1981–1987

Porsche 911
Carrera Cabrio

Mit dem Modelljahr 1983 bot Porsche seit der Ausführung SC erstmals nach 17 Jahren Abstinenz wieder ein Vollcabriolet an. Die gut geformten Sportsitze des SC waren noch rein mechanisch zu betätigen. Auch die Heizung wurde mit zwei Hebeln neben der Handbremse zwischen den Sitzen reguliert.

Modell:	Porsche 911 Carrera Cabrio
Motor/Zylinder:	Boxermotor/6
Geschwindigkeit:	max. 245 km/h
Hubraum in ccm:	3164
Leistung in PS/kW:	231/172
Bauzeit:	1983–1989

Porsche 924 Carrera

Mit Abgasturbolader und Ladeluftkühlung brachte es das Sondermodell GT auf 211 PS, der GTS auf 248 und der GTR auf 280 PS. Ein letzter Versuch, der ungeliebten Baureihe 924 noch einmal Leben einzuhauchen. Damit ließen sich zwar Rennen gewinnen, aber kein neue Kunden akquirieren.

Modell:	Porsche 924 Carrera GTS Turbo (1981)
Motor/Zylinder:	Reihenmotor/4
Geschwindigkeit:	max. 250 km/h
Hubraum in ccm:	1984
Leistung in PS/kW:	248/183
Bauzeit:	1980–1981

Porsche 924

Der Porsche 924 wurde von 1976 bis 1985 gebaut. Erstmals wich man vom Heckmotor ab und setzte auf das Transaxle-Prinzip (Frontmotor, Getriebe an der Hinterachse). Der Vierzylindermotor dieses zusammen mit VW entwickelten Modells stammte ursprünglich aus dem Audi 100, weswegen dieser Typ bei den Porsche-Fans auch keine sehr große Begeisterung auslöste.

Modell:	Porsche 924
Motor/Zylinder:	Reihenmotor/4
Geschwindigkeit:	max. 195 km/h
Hubraum in ccm:	1984
Leistung in PS/kW:	125/93
Bauzeit:	1976–1985

Porsche 928

Dass es der Porsche 928 nie schaffte, den 911 abzulösen, beweist, dass Image mehr sein kann als Ingenieurskunst. Ohne Zweifel war der 928 ein starkes, technisch fortschrittliches und hervorragend abgestimmtes Auto, ein herausragender Gran Turismo im besten Sinne des Wortes, aber die Porsche-Kundschaft bestrafte ihn mit an Boykott grenzender Zurückhaltung.

Modell:	Porsche 928
Motor/Zylinder:	V-Motor/8
Geschwindigkeit:	max. 230 km/h
Hubraum in ccm:	4474
Leistung in PS/kW:	240/176
Bauzeit:	1977–1986

Porsche 959

Der Porsche 959 wurde aus dem Modell 911 SC heraus entwickelt und wartete mit Registeraufladung und elektronisch gesteuertem Allradantrieb auf. Nachdem die FIA aber die Gruppe B im Rallyesport abgeschafft hatte, wurde das Projekt nicht mehr weiterentwickelt, das Fahrzeug aber in einer geringen Stückzahl weitergebaut. Ein Porsche 959 kostete 1986 stolze 420.000 Mark.

Modell:	Porsche 959
Motor/Zylinder:	Boxermotor/6
Geschwindigkeit:	max. 315 km/h
Hubraum in ccm:	2849
Leistung in PS/kW:	450/331
Bauzeit:	1986–1988

Reliant

Die Firma Reliant entstand 1935 in Großbritannien und machte sich eine Besonderheit des britischen Steuerrechts zunutze, die eine geringe pauschale Kraftfahrzeugsteuer für Dreiradfahrzeuge (unabhängig von Hubraum oder Leistung) vorsah. Besonders für kleine Lieferfahrzeuge auf drei Rädern gab es einen großen Markt; auch nach dem Zweiten Weltkrieg wurden Kleintransporter dieser Art noch in großem Umfang hergestellt. 1962 trat die Firma mit einem Sportwagen auf vier Rädern hervor, der durch seine Kunststoffkarosse-

rien auffiel und in Israel in Lizenz gebaut wurde. Mit den Scimitar-Sportwagen feierte die Firma, die bis 2001 Fahrzeuge produzierte, weitere Erfolge.

Reliant Scimitar GTE

Der Scimitar GTE ist ein Steilheck-Coupé mit einem V6-Motor von Ford. Reliant nutzte seine Erfahrungen beim Bau von Kunststoffkarosserien und schuf einen ebenso ausgereiften wie attraktiven Entwurf, der manchen heutigen Karosserietyp (wie den BMW Z 3) vorwegnahm.

Modell:	Reliant Scimitar GTE
Motor/Zylinder:	V-Motor/6
Geschwindigkeit:	max. 190 km/h
Hubraum in ccm:	2994
Leistung in PS/kW:	140/103
Bauzeit:	1968–1975

Reliant Scimitar GTC

Mit der Version GTC, die seit 1980 lieferbar war, sollte auch den Bedürfnissen der Freunde des offenen Fahrens entgegengekommen werden. Der Preis des Fahrzeugs war aber nicht attraktiv oder das Fahrzeug nicht attraktiv genug für den Preis; nennenswerte Stückzahlen wurden vom GTC nicht gebaut.

Modell:	Reliant Scimitar GTC
Motor/Zylinder:	V-Motor/6
Geschwindigkeit:	max. 190 km/h
Hubraum in ccm:	2792
Leistung in PS/kW:	135/99
Bauzeit:	1980–1986

Renault

1898 baute ein 21-jähriger Mann sein erstes Auto. Er hieß Louis Renault und begründete damit eine Firma, die 101 Jahre später, nachdem sie eine strategische Kooperation mit Nissan eingegangen war, zu den größten Autoherstellern der Welt gehörte. Renault setzte nicht nur mit Fahrzeugtypen Maßstäbe, indem es nahezu in jeder Fahrzeugklasse Klassiker erschuf und Fahrzeugklassen – wie den Van – für Europa erfand, auch zahlreiche automobile Erfindungen – Kardanwelle, Trommelbremse, ausschraubbare Zündkerzen, Sicherheitsgurt – gehen auf Renault zurück. Renault ist außerdem in der Nutzfahrzeugsparte engagiert und erfolgreich im Rennsport tätig.

Renault 4 (1975)

Der Renault 4 ist eins der langlebigsten Produkte aus dem Hause Renault. Mit dem Design einer Gemüsekiste kamen 1961 die ersten Fahrzeuge heraus. Das Design änderte sich kaum, das Gemüsekisten-Image schon. Frontantrieb, Kompaktkarosserie bei günstigen Betriebskosten und hoher Variabilität – das war ein zukunftsweisendes Konzept, das sich bis 1992 bewährte.

Modell:	Renault 4 (1975)
Motor/Zylinder:	Reihenmotor/4
Geschwindigkeit:	max. 110 km/h
Hubraum in ccm:	782
Leistung in PS/kW:	27/20
Bauzeit:	1967–1975

Renault 4 (1983)

Renault ließ seinem Modell fortwährende Verbesserungen angedeihen. So kamen in der Zeit 1982–1986 versenkte Türscharniere, ein links angebrachter Blinkhebel und für den 100er-Renault 4 Scheibenbremsen dazu. Auch zahlreiche Anwendungen als Kleintransporter und Kurierfahrzeuge wurden vom Renault 4 abgeleitet.

Modell:	Renault 4 GTL (1983)
Motor/Zylinder:	Reihenmotor/4
Geschwindigkeit:	max. 121 km/h
Hubraum in ccm:	1108
Leistung in PS/kW:	34/25
Bauzeit:	1982–1986

Renault 5 Turbo

Für die Rallye-Weltmeisterschaften 1980 entwickelte Renault aus dem Serienmodell des R5 ein Sportmodell, das mit der Serienlimousine nur noch wenig gemein hatte. Kompakt wie beim Serienmodell waren auch in der Sportversion die Abmessungen, aber das relativ kleine Aggregat schleuderte den Kleinen dank Turbolader auf 200 km/h.

Modell:	Renault 5 Turbo
Motor/Zylinder:	Reihenmotor/4
Geschwindigkeit:	max. 200 km/h
Hubraum in ccm:	1397
Leistung in PS/kW:	160/118
Bauzeit:	1980–1986

Renault 6

In deutlicher Verwandtschaft zum Renault 4 – sowohl konzeptionell als auch in Details wie dem Radstand – trat im Herbst 1968 der Renault 6 als „größerer Bruder" in den Kampf um die Gunst der Kunden. Etwas kantiger, dabei etwas coupéartiger in der Heckpartie stellte er der Autowelt die Frage: Warum soll ein Kompaktwagen Raum mit einer Stufenheckkonstruktion verplempern?

Modell:	Renault 6 (1968)
Motor/Zylinder:	Reihenmotor/4
Geschwindigkeit:	max. 132 km/h
Hubraum in ccm:	1108
Leistung in PS/kW:	46/34
Bauzeit:	1968–1980

Renault 10

Der Renault 10 war der „größere Bruder" des Renault 8. Wie der Kleine wurde auch das 10er-Modell nach dem Heckmotorprinzip gebaut, nur dass er bei gleichem Radstand etwas gestreckter wirkte. Und er schien wiederum der Patenonkel des ebenfalls heckmotorgetriebenen tschechischen Skoda 100 gewesen zu sein, der vier Jahre nach ihm herauskam.

Modell:	Renault 10
Motor/Zylinder:	Reihenmotor/4
Geschwindigkeit:	max. 134 km/h
Hubraum in ccm:	1289
Leistung in PS/kW:	53/39
Bauzeit:	1965–73

Renault 8

Der Renault 8 schien mit dem Wannen-design seiner Karosserie ein entfernter Verwandter des NSU Prinz zu sein. Mit diesem Fahrzeug leistete Renault seinen Beitrag zum Thema Heckmotoren in Kleinwagen. Technisch progressiv war die Einzelradaufhängung rundum. Im Heck arbeitete der schon bewährte 1100er-Motor.

Modell:	Renault 8
Motor/Zylinder:	Reihenmotor/4
Geschwindigkeit:	max. 130 km/h
Hubraum in ccm:	1108
Leistung in PS/kW:	43/32
Bauzeit:	1962–1973

Renault 12

Einen modernen Frontantriebler brachte Renault 1969 mit dem Modell 12 heraus. Das Modell wurde in Rumänien als Dacia nachgebaut und verbreitete sich in dieser Form über den ganzen Ostblock. Die Form der Limousine war keilförmig, namentlich am Heck konnte man meinen, Renault habe sich nicht zwischen Schräg- und Stufenheck entscheiden können.

Modell:	Renault 12
Motor/Zylinder:	Reihenmotor/4
Geschwindigkeit:	max. 143 km/h
Hubraum in ccm:	1289
Leistung in PS/kW:	55/40
Bauzeit:	1969–1979

Renault 14

In der Kompaktklasse ging 1976 der Renault 14 an den Start. Angetrieben wurde der Wagen zunächst von einem etwas vergrößerten Leichtmetallmotor des Peugeot 104. Für seine Zeit Beachtliches bot der ausschließlich fünftürig gebaute Renault 14 hinsichtlich der passiven Sicherheit (gestaltfeste Zelle, Seitenaufprallschutz). Zuletzt wurde auch ein 1,4-Liter-Renault-Motor angeboten.

Modell:	Renault 14 TL
Motor/Zylinder:	Reihenmotor/4
Geschwindigkeit:	max. 150 km/h
Hubraum in ccm:	1218
Leistung in PS/kW:	57/43
Bauzeit:	1976–1982

Renault 15

Die Idee, auf der Basis des Renault 12 ein zweitüriges Coupé zu entwickeln, war an sich nicht schlecht, nur fehlte für eine erfolgreiche Positionierung zwischen den sportlichen Coupés der Konkurrenz einerseits der richtige Motor, andererseits das Image und die sportliche Ausstrahlung. Bequem und gut gefedert reichte den Kunden nicht.

Modell:	Renault 15 TL
Motor/Zylinder:	Reihenmotor/4
Geschwindigkeit:	max. 150 km/h
Hubraum in ccm:	1289
Leistung in PS/kW:	60/44
Bauzeit:	1971–1979

Renault 16

Der Renault 16 war in den Sechzigerjahren der Beitrag Renaults zur Mittelklasse. Die Schrägheck-Limousine bot großzügig Raum und wurde insgesamt in drei Motorisierungsklassen angeboten. Trotz langer Fertigungszeit gehören die 16er heute zu den vergessenen Schätzen automobiler Kultur aus Frankreich.

Modell:	Renault 16 TS
Motor/Zylinder:	Reihenmotor/4
Geschwindigkeit:	max. 150 km/h
Hubraum in ccm:	1565
Leistung in PS/kW:	84/62
Bauzeit:	1965–1979

Renault 18

Der Renault 18 wurde im Frühjahr als Nachfolger des Renault 12 ins Rennen geschickt; die Heckpartie der Limousine demonstrierte durchaus eine gewisse Familienähnlichkeit. Zum 1979er-Autosalon in Genf wurde der zugehörige Kombi präsentiert. Der Nachfolger Renault 21 erschien 1986, der 18er wurde aber in Frankreich noch bis 1989 weitergebaut.

Modell:	Renault 18 GTL
Motor/Zylinder:	Reihenmotor/4
Geschwindigkeit:	max. 160 km/h
Hubraum in ccm:	1647
Leistung in PS/kW:	79/59
Bauzeit:	1978–1989

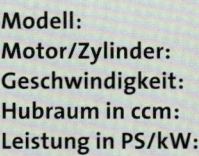

Renault Fuego

1980 entwickelte man passend zum Renault 18 ein Sportcoupé, das unter dem Namen Fuego bekannt wurde. Der Fuego löste die glücklosen Coupés Renault 15 und 17 ab und wurde bis 1986 gebaut. 1983 kam als Topmodell ein 132 PS starker Fuego mit Vierfach-Scheibenbremsen, Bordcomputer und elektrischen Außenspiegeln heraus.

Modell:	Renault Fuego GTX
Motor/Zylinder:	Reihenmotor/4
Geschwindigkeit:	max. 185 km/h
Hubraum in ccm:	1995
Leistung in PS/kW:	112/84
Bauzeit:	1980–1986

Renault 30

Mit dem Renault 30 wollte Renault in der oberen Mittelklasse beeindrucken. Konzeptioneller Ausgangspunkt für die große Fließhecklimousine war der Renault 16. Beim Renault 30 kam der gemeinsam mit Volvo entwickelte Euro-V6-Motor unter die Haube. Leicht modifiziert folgte im Spätherbst 1975 das Vierzylindermodell als Renault 20.

Modell:	Renault 30 TX
Motor/Zylinder:	V-Motor/6
Geschwindigkeit:	max. 188 km/h
Hubraum in ccm:	2664
Leistung in PS/kW:	143/105
Bauzeit:	1975–1984

Renault

Rolls-Royce

Rolls-Royce Silver Shadow

Der Silver Shadow folgte als Oberklasse-Limousine 1965 dem Silver Cloud in der Folge der „silbernen" Limousinen von Rolls-Royce. Das Fahrzeug wurde zusammen mit dem bis auf wenige Details baugleichen Schwestermodell Bentley T-Series vorgestellt. Für das konservative Rolls-Royce-Publikum begann erst jetzt die automobile Neuzeit.

Modell:	Rolls-Royce Silver Shadow (1971–1980)
Motor/Zylinder:	V-Motor/8
Geschwindigkeit:	max. 190 km/h
Hubraum in ccm:	6750
Leistung in PS/kW:	200/147
Bauzeit:	1965–1980

Der britische Unternehmer Frederick Henry Royce (1863–1933) und der adlige Rennfahrer Charles Stewart Rolls (1877–1910) sind die Gründerväter der Automarke Rolls-Royce. Mindestens ebenso berühmt wie die Autos von Rolls-Royce waren die Flugzeugmotoren – und gerade die brachten Rolls-Royce 1973 in eine finanzielle Schieflage, die in zwischenzeitliche Verstaatlichung und Trennung der Triebwerk- und Automobilsparte mündete. Am Ende stand ein großes Verwirrspiel um den Verkauf der Rolls-Royce Motor Cars und der Markenrechte am Namen Rolls-Royce zwischen Vickers, der Rolls-Royce PLC, Volkswagen und BMW.

Rolls-Royce

Rolls-Royce Camargue

Man nehme die Bodengruppe des Silver Shadow und den Motor des Corniche, lasse die Karosserie von Sergio Pininfarina zeichnen – und man bekommt einen Rolls-Royce Camargue. Das Luxus-Coupé, eines der teuersten je gebauten Rolls-Royce-Modelle, war Anfang der 1980er mit einem Verkaufspreis von über 400.000 DM der teuerste Serienwagen der Welt.

Modell:	Rolls-Royce Camargue
Motor/Zylinder:	V-Motor/8
Geschwindigkeit:	max. 192 km/h
Hubraum in ccm:	6750
Leistung in PS/kW:	200/147
Bauzeit:	1975–1986

Rolls-Royce Corniche

Bis auf die Kühlermaske mit dem Bentley Corniche identisch, ließ es der gleichnamige Coupé-Typ von Rolls-Royce ein wenig schnittiger und sportlicher angehen, als man es nach dem schweren Ernst der Limousinen vermutet hätte. Diesen Eindruck erzeugten die deutlich flachere Dachlinie und die schräg gestellte C-Säule. Auch als Cabriolet war der Corniche zu haben. Das Coupé wurde 1982 eingestellt.

Modell:	Rolls-Royce Silver Corniche
Motor/Zylinder:	V-Motor/8
Geschwindigkeit:	max. 203 km/h
Hubraum in ccm:	6750
Leistung in PS/kW:	200/147
Bauzeit:	1971–1995

Rover

Auch Rover, 1884 in Coventry gegründet, begann als Fahrradfabrik. Man baute Dreiräder, später elektrisch betriebene Fahrzeuge und Autos. Legendär wurde das allradgetriebene Geländefahrzeug, das den Markennamen zum Gattungsnamen werden ließ: Land Rover. In den Sechzigerjahren war man mit BMR-Rennwagen auch im Motorsport engagiert. 1967 wurde Rover Teil von British Leyland – und wurde letztlich in den Niedergang der britischen Autoindustrie hineingezogen. 1994 von BMW übernommen und 2000 wieder abgestoßen – Land Rover ging an Ford – war Rover 2005 endgültig insolvent. Die Reste wurden an Nanjing Automobile Corporation in China veräußert.

Rover 2000/2200

Der Rover 2000 (mit der werksinternen Typnummer P6) war das letzte der nach dem Zweiten Weltkrieg entwickelten P-Modelle bei Rover. Eine neue selbsttragende Karosserie, Scheibenbremsen und DeDion-Hinterachse überzeugten technisch. 1968 wurde sogar ein Achtzylindermotor angeboten.

Modell:	Rover 2200 SC (1973–1977)
Motor/Zylinder:	Reihenmotor/4
Geschwindigkeit:	max. 170 km/h
Hubraum in ccm:	2204
Leistung in PS/kW:	94/69
Bauzeit:	1963–1977

Rover 3.5 Litre

Der von der Oberklasse-Limousine P5 (seit 1958 gebaut) abgeleitete P5B verwendete einen modifizierten V8-Motor von Buick (daher das „B" im werkseitigen Typencode), an dem Rover die Rechte erworben hatte. Äußerlich unterschied sich die Weiterentwicklung kaum vom älteren Grundmodell.

Modell:	Rover 3.5 Litre
Motor/Zylinder:	V-Motor/8
Geschwindigkeit:	max. 190 km/h
Hubraum in ccm:	3532
Leistung in PS/kW:	161/118
Bauzeit:	1968–1973

Rover 2600/3500

Mit ihrer neuen, keilförmigen Karosserie brachen die neuen Modelle der Typen 2600/3500 mit überkommenen Rover-Traditionen. Neben dem bewährten V8-Motor (im 3500) arbeitete ein Sechszylinder-Reihenmotor (im 2600), der aber nicht viel zum Ruhm der Marke beitrug.

Modell:	Rover 3500 SE
Motor/Zylinder:	V-Motor/8
Geschwindigkeit:	max. 203 km/h
Hubraum in ccm:	3532
Leistung in PS/kW:	159/117
Bauzeit:	1976–1987

Rover 3500 Vitesse

Der bewährte Buick-V8 arbeitete auch im Rover Vitesse, der letzten rein britischen Konstruktion, bevor Honda und später BMW Einfluss auf die Modelle nahmen. Der Vitesse war der sportliche Höhepunkt der Baureihe SD1, die unter dem Missmanagement von British Leyland litt.

Modell:	Rover Vitesse
Motor/Zylinder:	V-Motor/8
Geschwindigkeit:	max. 215 km/h
Hubraum in ccm:	3532
Leistung in PS/kW:	193/142
Bauzeit:	1983–1987

Saab

Der schwedische Rüstungskonzern bildete das Rückgrat der schwedischen Verteidigungsindustrie. Nach dem Zweiten Weltkrieg baute man die zivile Produktion aus und legte sich 1947 eine Automobilsparte zu. Erstes Modell war ein Zweizylinder-Zweitakter mit aerodynamischer Karosserie, die manche Inspiration aus der Flugzeugbau-Abteilung des Konzerns erhielt. Die Zweitaktmotorentechnik wurde bis in die Sechzigerjahre weiterentwickelt. Im Automobilbau realisierte Saab hohe Sicherheitsstandards. Die Fahrzeugsparte trennte sich von der Saab Aktiengesellschaft und ist seit 2000 100-prozentige Tochter von General Motors. Im Februar 2009 musste Saab Automobile AB Konkurs anmelden.

Saab 95/96

Der Saab 95/96 (95 war die Kombiversion des 96) war ein Auto, das es sowohl mit Zweitaktmotor als auch als Viertakter gab. Da sich aus den Dreizylinder-Zweitaktern nicht mehr viel herausholen ließ, bezog man von Ford Vierzylinder-V-Motoren, die seit dem Modelljahr 1967 eingebaut wurden und die im Saab 95/96 immerhin 68 PS leisteten.

Modell:	Saab 96 (1967)
Motor/Zylinder:	V-Motor/4
Geschwindigkeit:	max. 150 km/h
Hubraum in ccm:	1498
Leistung in PS/kW:	68/50
Bauzeit:	1960–1980

Saab

Saab 99 Turbo

Mit dem Saab 99 schuf man nach dem Ende der Zweitaktära ein Mittelklassemodell, das die Basis aller folgenden Saab-Modelle wurde. 1977 wurde mit einer ausgiebigen Testphase (100 Testfahrzeuge!) der 99 Turbo eingeführt. Sein kleiner Turbolader gab auch schon bei niedrigen Drehzahlen Ladedruck. Die Turbos wurden bis über das Modellende des gewöhnlichen 99ers hinaus produziert.

Modell:	Saab 99 Turbo
Motor/Zylinder:	Reihenmotor/4
Geschwindigkeit:	max. 195 km/h
Hubraum in ccm:	1985
Leistung in PS/kW:	145/108
Bauzeit:	1977–1982

Saab 900 Cabriolet

Das Saab-Cabriolet, der erste offene Saab, war nicht unbedingt für schwedische Wetterbedingungen ausgelegt, etablierte sich aber erfolgreich auf den Exportmärkten, wo die Zahl der treuen Markenanhänger beständig zunahm. Besonders in Deutschland war der offene Saab fast von Anfang an Kult.

Modell:	Saab 900i 16 Cabriolet
Motor/Zylinder:	Reihenmotor/4
Geschwindigkeit:	max. 180 km/h
Hubraum in ccm:	1985
Leistung in PS/kW:	128/94
Bauzeit:	1986–1993

Saab Sonett III

Nach dem ersten, nicht in Serie gegangenen Sonett-Sportcoupé und dem Sonett II, der noch als Zweitakter auftrat, brachte Saab mit dem Sonett III nun einen Viertakter mit überarbeiteter Kunststoffkarosserie heraus, der mit über 8000 verkauften Exemplaren weit erfolgreicher war als sein Vorgänger.

Modell:	Saab Sonett III
Motor/Zylinder:	V-Motor/4
Geschwindigkeit:	max. 161 km/h
Hubraum in ccm:	1699
Leistung in PS/kW:	65/41
Bauzeit:	1970–1974

Saab 900 Turbo

Der Saab 900, eine im Grunde verlängerte, aber ansonsten auf dem Saab 99 beruhende Konstruktion, kam anfangs als Fließhecklimousine heraus, 1981 legte Saab auch noch mit einer Stufenheckversion nach. Die beiden ersten Modelljahre unterscheiden sich in äußeren Details, aber auch hinsichtlich der Motorengeneration von den seit 1981 produzierten Fahrzeugen.

Modell:	Saab 900 Turbo Tii
Motor/Zylinder:	Reihenmotor/4
Geschwindigkeit:	max. 195 km/h
Hubraum in ccm:	1985
Leistung in PS/kW:	145/108
Bauzeit:	1980–1993

Saporoschez

Der ukrainische Hersteller SAS (Saporisky Awtomobilebudiwny Sawod) geht auf die Gründung eines Russlanddeutschen zurück, der 1863 mehrere kleinere Fabriken für landwirtschaftliche Geräte zusammenfasste. Nach den Wirren des Bürgerkrieges wurde die Firma als Landmaschinenbetrieb wieder aufgebaut, auch nach der Zerstörung im Zweiten Weltkrieg wurden wieder Landmaschinen gebaut, bis 1959 ein Kleinwagen entstand, der vom FIAT 500 inspiriert war. Dieser SAS 965 kam, wie die Nachfolgetypen SAS 966 und 968, auch in die DDR und in andere Ostblockstaaten.

SAS 968 Saporoschez

Mit dem 968 schaffte es Saporoschez, einen heckmotorgetriebenen Benziner herzustellen, der nagelte wie ein Diesel. In der Karosserie vom NSU Prinz inspiriert, dem Sound nach eher der Kategorie Kleintraktoren zugehörig, lässt sich über die Beliebtheit des Fahrzeugs kein endgültiges Urteil fällen. Spötter meinten, es sei aus einem Stück gefeilt. Motorsportler liebten seine Robustheit.

Modell:	SAS 968
Motor/Zylinder:	V-Motor/4
Geschwindigkeit:	max. 125 km/h
Hubraum in ccm:	1196
Leistung in PS/kW:	45/33
Bauzeit:	1972–1979

Simca

Simca – Société Industrielle de Mécanique et Carosserie Automobile – wurde 1934 gegründet und begann mit der Lizenzfertigung von FIAT-Fahrzeugen.

Während des Zweiten Weltkriegs sah sich die Firma in die deutsche Rüstungsproduktion einbezogen. 1954 übernahm Simca die französische Ford-Tochter, im Gegenzug erhielt Ford 15 Prozent der Anteile von Simca, verkaufte sie aber 1958 an Chrysler weiter. Chrysler übernahm nach und nach fast alle Anteile an Simca. Talbot kam 1959 zu Simca und als Peugeot 1978 Simca von Chrysler übernahm, wurden die Modelle unter dem Markennamen Talbot bis 1986 fortgeführt. Andere Simca-Entwicklungen wurden zu regulären Peugeot-Typen. Der Markenname erlosch.

Simca Rallye 2

Der heckmotorgetriebene Kompaktwagen entstand 1961 aus dem FIAT 850. Die Motorisierung war so ausgelegt, dass sie Entwicklungspotenzial bot, und das wurde auch ausgenutzt. Besonders die sportlichen Modelle, die den 1,3-Liter-Motor voll ausreizten, waren seinerzeit besonders für junge Käufer interessant.

Modell:	Simca 1000 Rallye 2
Motor/Zylinder:	Reihenmotor/4
Geschwindigkeit:	max. 170 km/h
Hubraum in ccm:	1294
Leistung in PS/kW:	86/63
Bauzeit:	1961–1978

Simca 1100

Einem modernen Fahrzeugkonzept – mit Frontantrieb, Einzelradaufhängung und quer eingebautem Motor – folgte der 1967 vorgestellte Simca 1100. Das Fahrzeug wurde während seiner langen Bauzeit beständig verbessert, auch das Potenzial des Motors weiter ausgeschöpft. Drei-, vier- und fünftürige Versionen waren zu haben.

Modell:	Simca 1100 special (1972)
Motor/Zylinder:	Reihenmotor/4
Geschwindigkeit:	max. 154 km/h
Hubraum in ccm:	1294
Leistung in PS/kW:	76/56
Bauzeit:	1967–1982

Simca 1307

Aus den Chrysler-Jahren von Simca stammt der 1307/1308. Er wurde werksintern als „Chrysler Projekt C6" entwickelt. Über die Entwicklungsstufen Simca 1309, Talbot-Simca 1510 und Talbot Solara markierte er das Ende der Markenentwicklung von Simca und Talbot.

Modell:	Simca 1307 GLS
Motor/Zylinder:	Reihenmotor/4
Geschwindigkeit:	max. 152 km/h
Hubraum in ccm:	1294
Leistung in PS/kW:	69/51
Bauzeit:	1975–1979

Simca 1301

1963 folgte das Modell 1300/1500 dem Simca Aronde in der Mittelklasse nach. Das Fahrzeug wurde in den Motorisierungen 1290 und 1474 ccm vorgestellt. Ab Herbst 1966 gab es die Versionen 1301/1501, die bei gleichem Radstand um 21 cm verlängert worden waren. Das Raumangebot sprach besonders Familien an.

Modell:	Simca 1301 special
Motor/Zylinder:	Reihenmotor/4
Geschwindigkeit:	max. 152 km/h
Hubraum in ccm:	1290
Leistung in PS/kW:	67/50
Bauzeit:	1966–1975

Skoda

Skoda ist eine tschechische Traditions-firma, die 1925 den 1895 gegründeten Autohersteller Laurin & Klement auf-kaufte. Das Großunternehmen war im Maschinenbau, im Fahrzeugbau und in der Rüstung engagiert. Nach dem Zwei-ten Weltkrieg wurde besonders die Fahrzeugsparte zu einem im ganzen Ostblock bekannten Geschäftszweig. Von Skoda kamen nicht nur PKWs, son-dern auch Busse, Lastkraftwagen und Oberleitungsbusse. Nicht alle Modelle, die Skoda produzierte, wurden auch ex-portiert. Skoda war aber im Straßenver-kehr der DDR stets in nennenswertem Umfang vertreten. Auch auf westlichen Märkten, beispielsweise in Dänemark, war Skoda zeitweilig präsent.

Skoda S 100

Automobile von Skoda erfreuten sich in der DDR eines guten Rufs. Von 1964 bis 1988 dominierten die heckmotorgetriebenen Modelle. Der S 100 ging, als Überarbeitung des Modells MB1000, in mehr als 142.000 Einheiten in die DDR. Weder vom MB 1000 und S 100 noch von den Nachfolgemodellen S195 und S120 gab es Kombiversionen.

Modell:	Skoda S 100
Motor/Zylinder:	Reihenmotor/4
Geschwindigkeit:	max. 130 km/h
Hubraum in ccm:	988
Leistung in PS/kW:	45/33
Bauzeit:	1969–1977

Skoda S 110 R

Das Coupé Skoda S 110 R war seinerzeit wegen seines Schicks begehrt, erwies sich aber im täglichen Gebrauch oft als problematisch. Die rahmenlosen Seitenscheiben hatten öfter Probleme mit der Dichtigkeit. Von 57.000 produzierten Einheiten dieses „Gangsters im Frack" kamen nur ca. 400 in die DDR.

Modell:	Skoda S 110 R
Motor/Zylinder:	Reihenmotor/4
Geschwindigkeit:	max. 140 km/h
Hubraum in ccm:	1107
Leistung in PS/kW:	62/46
Bauzeit:	1970–1980

Skoda S 105/S 120

1976 ersetzte das Modellpaar S 105/S 120 die S 100-Skodas. Das Heckmotorprinzip wurde beibehalten. Die Hubraumgrößen lagen bei 1045 (für den 105) und 1174 (für den 120). Anfangs erkannte man den 105 an den einfachen, den 120 an den doppelten Rundleuchten. Nach dem Facelifting von 1983 hatten beide Modelle eckige Leuchten.

Modell:	Skoda S 120 L
Motor/Zylinder:	Reihenmotor/4
Geschwindigkeit:	max. 140 km/h
Hubraum in ccm:	1174
Leistung in PS/kW:	52/38
Bauzeit:	1976–1989

Skoda S 130 RS

Die Karosserie des Skoda-Coupés S 130 RS wich von den serienüblichen Karosserien ab; hier wurden Aluminium und Kunststoff verbaut. Ein Schutzkäfig aus Stahlrohren sicherte dieses speziell für den Rallyesport getunte Modell bei Überschlägen. Die Rennversion erreichte bis zu 220 km/h.

Modell: Skoda S 130 RS
Motor/Zylinder: Reihenmotor/4
Geschwindigkeit: max. 170 km/h
Hubraum in ccm: 1288
Leistung in PS/kW: 132/97
Bauzeit: 1975–1982

Skoda

Skoda Favorit

Der Favorit war die letzte Skoda-Eigenentwicklung vor Beginn der VW-Ära und zugleich das Modell, mit dem man sich bei Volkswagen empfahl. Das Heckmotorprinzip war aufgegeben worden. Stattdessen war ein moderner Frontantriebler entstanden, dessen äußere Gestalt die Handschrift Bertones zeigte.

Modell: Skoda S 136 Favorit
Motor/Zylinder: Reihenmotor/4
Geschwindigkeit: max. 150 km/h
Hubraum in ccm: 1289
Leistung in PS/kW: 62/45
Bauzeit: 1988–1995

Steyr-Puch

Steyr-Puch 650

Auf der Basis des FIAT 500 Nuovo entwickelte Steyr-Puch einen eigenen Boxermotor. Optisch glich der kleine Österreicher den italienischen Originalen bis auf das Emblem. Unter der Haube ging aber die Motorenentwicklung bis zu 660 ccm weiter. Ab 1962 fuhr der 650 TR 140 km/h schnell den staunenden Italienern davon.

Modell:	Steyr-Puch 650 TR
Motor/Zylinder:	Boxermotor/2
Geschwindigkeit:	max. 140 km/h
Hubraum in ccm:	660
Leistung in PS/kW:	36,5/27
Bauzeit:	1962–1971

Steyr-Puch geht zurück auf eine 1830 in Oberletten/Steyr gegründete Gewehrfabrik. Nach dem Ende des Ersten Weltkriegs und der Fusion mit den Fahrzeugwerken Austro-Daimler-Puch entstand der Großkonzern Steyr-Daimler-Puch, der neben PKWs vor allem Traktoren, Lastwagen und Spezialfahrzeuge herstellte. Nach dem Zweiten Weltkrieg montierte das Unternehmen Lizenzversionen von FIAT-Automobilen für den österreichischen Binnenmarkt. Aus dieser Lizenzproduktion entsprang auch die Entwicklung eigener Motoren für die adaptierten Modelle.

Steyr-Puch

Sunbeam

Wie so viele Autohersteller begann auch Sunbeam als Fahrradfabrik. Der Hersteller aus Wolverhampton begann 1901, Wagen mit Einzylindermotoren fahrbar zu machen. Später machte sich das Unternehmen sowohl mit großvolumigen Limousinen als auch mit alltagstauglichen Motorrädern einen Namen. An der Rennsporteuphorie der Zwanzigerjahre hatte Sunbeam mit seinem 1000-hp-Rekordfahrzeug Anteil, das von zwei Flugzeugmotoren angetrieben wurde.

Mit Talbot kam die Marke Sunbeam nach dem Zweiten Weltkrieg via Chrysler an Peugeot, wo der Markenname mit dem einst so stolzen Klang nun nach 1980 sang- und klanglos unterging.

Sunbeam (New) Rapier H 120

Nach vier Rapier-Modellen seit 1955 setzte Sunbeam 1967 mit dem viersitzigen Coupé dieses Namens ein völlig neues Auto auf die Räder. Die moderne Fließheckkarosserie war mit einem 85-PS-Aggregat motorisiert; ab 1968 gab es auch die Version H 120 mit höherer Verdichtung und 100 PS.

Modell:	Sunbeam Rapier H 120
Motor/Zylinder:	Reihenmotor/4
Geschwindigkeit:	max. 175 km/h
Hubraum in ccm:	1725
Leistung in PS/kW:	100/75
Bauzeit:	1967–1976

Talbot

Der Lord of Shrewsbury und Talbot waren die Hauptgeldgeber eines britischen Unternehmens, das seit 1903 zunächst französische Fahrzeuge der Marke Clément aus Einzelteilen montierte und unter der Marke Talbot vertrieb. Seit 1906 baute man eigene Autos, 1919 aber übernahm die französische Firma Darracq das Unternehmen und die Marke Talbot. Die Marke ging auf Wanderschaft durch verschiedene Firmen und Unternehmenskonstruktionen, um schließlich bei der französischen PSA zu landen. Den wirtschaftlichen Schwierigkeiten und nachfolgenden „Restrukturierungsmaßnahmen" fiel 1986 auch die Marke Talbot zum Opfer.

Talbot Tagora

In der Chrysler-Simca-Ära sollte die Limousine Talbot Tagora in der oberen Mittelklasse Marktanteile gewinnen. Sie glich in vielen Bauteilen dem Peugeot 604 und war nicht erfolgreich genug, um der neu geschaffenen Talbot-Sektion des Unternehmens Profil zu geben. Als höchste Motorisierung wurde ein V6-Motor angeboten.

Modell:	Talbot Tagora SX
Motor/Zylinder:	V-Motor/6
Geschwindigkeit:	max. 195 km/h
Hubraum in ccm:	2664
Leistung in PS/kW:	165/121
Bauzeit:	1980–1983

Talbot Samba Cabrio

Auch der kleine Samba fuhr zu dicht neben Peugeot 104 und Citroën LN, als dass er – trotz längeren Radstands und eigenständiger Karosserie – der Marke Talbot den nötigen Aufwand hätte verschaffen können. Ein Jahr nach der Limousine erschien das überrollbügelbewehrte Cabrio als attraktivste Version des Samba.

Modell:	Talbot Samba Cabrio
Motor/Zylinder:	Reihenmotor/4
Geschwindigkeit:	max. 170 km/h
Hubraum in ccm:	1360
Leistung in PS/kW:	80/60
Bauzeit:	1982–1986

Talbot Sunbeam Lotus

Der Kleinwagen Sunbeam war eine Entwicklung von Chrysler Großbritannien. In seinen ursprünglich angebotenen Motorisierungen gehörte er in die Klasse von VW Polo, Renault 5 und Ford Fiesta. Er besaß Hinterradantrieb und bekam 1979 einen Lotus-Motor, der ihm zwar zur Rallye-Weltmeisterschaft verhalf, aber der Marke nur eine kurze Blüte verschaffte.

Modell:	Talbot Sunbeam Lotus
Motor/Zylinder:	DOHC Reihenmotor/4
Geschwindigkeit:	max. 195 km/h
Hubraum in ccm:	2172
Leistung in PS/kW:	152/112
Bauzeit:	1979–1981

Tatra

Der tschechoslowakische Hersteller Tatra ging auf eine Waggonbaufabrik zurück, die sich schon 1897 mit dem Automobilbau beschäftigte. Nach dem Ersten Weltkrieg firmierte man als Tatra. Nach dem Zweiten Weltkrieg versorgte die Schienenfahrzeugsparte die Ostblockstaaten mit Straßenbahnen. Die Automobilsparte entwickelte schwere Nutzfahrzeuge und exklusive PKWs, die als Funktionärslimousinen überwiegend in der ČSSR eingesetzt wurden. Privatleute mit „guten Beziehungen" wussten sich in den Sechzigerjahren Tatras zu beschaffen; diese Limousinen stellten damals durchaus ein Statussymbol dar.

Tatra 613

Schon vor Ende des 603 kam 1974 das Nachfolgemodell, von Vignale gestylt und mit neuem Motor, als Tatra 613 heraus. Er wurde in drei Modellreihen bis 1996 gebaut. Seinen Nachfolger fand er in den Neunzigern im Modell 700, dessen Produktion aber schon nach drei Jahren mangels Absatz eingestellt wurde.

Modell:	Tatra 613-2
Motor/Zylinder:	V-Motor/8
Geschwindigkeit:	max. 190 km/h
Hubraum in ccm:	3495
Leistung in PS/kW:	168/123
Bauzeit:	1980–1986

Tatra 603

Der Tatra 603 war das charaktervollste Auto, das im Ostblock gebaut wurde. Auffallend waren, neben den Kiemen für den luftgekühlten Heckmotor, bei der ersten Baureihe die Anordnung der drei Hauptscheinwerfer hinter einem Abdeckglas. Bei der Überarbeitung zum Typ 2-603 wurden an der Front zwei Doppelscheinwerferpaare installiert.

Modell:	Tatra 2-603
Motor/Zylinder:	V-Motor/8
Geschwindigkeit:	max. 170 km/h
Hubraum in ccm:	2472
Leistung in PS/kW:	105/77
Bauzeit:	1963–1975

Tatra

Toyota

Der japanische Autohersteller, für den nichts unmöglich ist, übernahm 2008 mit fast neun Millionen verkauften Fahrzeugen von General Motors die Position des größten Automobilproduzenten der Welt. Gegründet wurde die Automobilsparte des Unternehmens, das sich zuvor mit automatischen Webmaschinen beschäftigt hatte, 1937. Nach dem Zweiten Weltkrieg war Toyota führend bei der Durchsetzung „typisch japanischer" Produktionsweisen, der Verbindung von Großserienproduktion mit der individuellen Verantwortung des Handwerkers für sein Produkt. Dass Toyota höhere Qualitätsstandards durchsetzte als viele traditionelle Autoriesen und benzinsparende Autos preiswert anbieten konnte, machte sich vor allem nach der Energiekrise der Siebzigerjahre bezahlt.

Toyota Celica

Der Celica wurde von Toyota 1970 beginnend in sieben Modellgenerationen produziert. Mit dem ersten Modell TA22, das in Deutschland meist als 1600er-Coupé verbreitet war, setzte Toyota neue Standards. Die ausgezeichnete Produktqualität setzte damals viele in Erstaunen – allmählich lernte man in Europa japanische Tugenden zu schätzen.

Modell:	Toyota Celica (TA22) 1600 ST
Motor/Zylinder:	Reihenmotor/4
Geschwindigkeit:	max. 167 km/h
Hubraum in ccm:	1589
Leistung in PS/kW:	106/78
Bauzeit:	1970–1977

Toyota 2000GT

Das Sportcoupé 2000GT war eine Ausnahmeerscheinung im Toyota-Programm. Toyota bewies der Welt damit seine Kompetenz im Sportwagenbau, aber die Welt wollte es nicht wissen. Der Wagen kam 1967 einfach zu früh, vor der japanischen Autoexport-Offensive. Dennoch ist er bis heute ein herausragendes Fahrzeug.

Modell:	Toyota 2000GT
Motor/Zylinder:	DOHC Reihenmotor/6
Geschwindigkeit:	max. 220 km/h
Hubraum in ccm:	1988
Leistung in PS/kW:	152/112
Bauzeit:	1967–1970

Toyota Corona II

Mit dem Corona Mark II stellte Toyota sein neues Oberklassemodell vor, das zunächst als Stufenhecklimousine, später als Hardtop-Coupé auf den Markt kam und schon vor 1971, dem offiziellen Exportbeginn der Japaner, in Deutschland zu haben war. Nach einem Facelifting wurde der Corona Mark II bis 1973 produziert.

Modell:	Toyota Corona Mark II 1900
Motor/Zylinder:	Reihenmotor/4
Geschwindigkeit:	max. 166 km/h
Hubraum in ccm:	1858
Leistung in PS/kW:	109/80
Bauzeit:	1968–1973

Toyota Carina

In der Mittelklasse war Toyota mit dem Modell Carina seit 1970 erfolgreich. Toyota präsentierte nacheinander mehrere Modellreihen unter dem Namen Carina, die in Deutschland in den Siebzigerjahren noch selten zu sehen waren. Die Limousine bot die Basis für das Coupémodell Celica.

Modell:	Toyota Carina 1600
Motor/Zylinder:	Reihenmotor/4
Geschwindigkeit:	max. 160 km/h
Hubraum in ccm:	1588
Leistung in PS/kW:	86/63
Bauzeit:	1970–1975

Toyota Corolla 1200

Der Corolla rollte in Japan seit 1967, die neue Baureihe ab 1971 gehörte zu den ersten in Deutschland importierten Japanern. Nicht besonders komfortabel, aber solide und zuverlässig, griff der Corolla in Europa mit wachsendem Erfolg nach Marktanteilen des Opel Kadett und des Ford Fiesta.

Modell:	Toyota Corolla 1200
Motor/Zylinder:	Reihenmotor/4
Geschwindigkeit:	max. 147 km/h
Hubraum in ccm:	1166
Leistung in PS/kW:	63/47
Bauzeit:	1971–1975

Toyota

Toyota Crown

1973 kam der neue Crown von Toyota ganz im Stil der Siebzigerjahre daher. In der Motorisierung wurde das Spitzenmodell Toyotas von einem Reihensechszylinder mit guten 140 PS Leistung angetrieben. Neben der Sedan genannten Limousine gab es ein Hardtop-Coupé und eine Kombiversion.

Modell:	Toyota Crown
Motor/Zylinder:	Reihenmotor/6
Geschwindigkeit:	max. 180 km/h
Hubraum in ccm:	2563
Leistung in PS/kW:	140/104
Bauzeit:	1973–1983

Toyota Corona 2000

1976 bis 1978 wurde der Toyota Corona 2000 der Serie in den Versionen Stufenhecklimousine (RT104) und Station Wagon (Kombi, RT118) angeboten. In Japan war der Wagen bereits 1973 erschienen. 1977 wurde er einem Facelifting unterzogen, was ihm unter anderem eine deutlich bissigere Frontpartie einbrachte.

Modell:	Toyota Corona (RT118)
Motor/Zylinder:	Reihenmotor/4
Geschwindigkeit:	max. 170 km/h
Hubraum in ccm:	1968
Leistung in PS/kW:	88/66
Bauzeit:	1973–1978

Toyota Cressida

Der Cressida, den es seit 1973 gab, wurde in der zweiten Generation 1977 auch erstmals exportiert. Die zwischen 1981 und 1984 gefertigte Baureihe wurde von einem 2,8-Liter-Reihensechszylinder angetrieben und mit Automatikgetrieben versehen. Ab 1983 wurden auch DOHC-Motoren mit 107 kW (1983) bzw. 114 kW (1984) eingebaut.

Modell:	Toyota Cressida (MX63)
Motor/Zylinder:	Reihenmotor/6
Geschwindigkeit:	max. 179 km/h
Hubraum in ccm:	2795
Leistung in PS/kW:	131/96
Bauzeit:	1981–1984

Triumph

Der Autohersteller Triumph hatte seine Wurzeln in einer Fahrradfabrik, die der Deutsche Siegfried Bettmann 1887 in Coventry gründete. Nach dem Ersten Weltkrieg begann der Bau von Motorfahrzeugen; nach dem Kauf einer stillgelegten Autofabrik in Coventry nahm die Produktion größeren Umfang an. Triumph spezialisierte sich auf den Bau kleinerer und leichter Sportwagen und hatte mit dem Typ „Super Seven" bereits beachtliche Erfolge. 1939 ging Triumph in Konkurs, die Namensrechte kamen an die Standard Motor Company, die schließlich in British Leyland aufging. Damit begann der Abstieg für Triumph, der schließlich mit der Einstellung des Vertriebs von Triumph-Fahrzeugen 1984 endete.

Triumph TR 6

Mit der TR-Serie (Triumph Roadster) schuf Triumph legendäre Sportwagen. Der TR 6 war das bestverkaufte Modell dieser Baureihen. Und für viele überhaupt der letzte „echte" Triumph. Der 2,5-Liter-Sechszylinder aus dem Vorgänger TR 5 fühlte sich in der frisch gestylten TR 6-Umgebung sichtlich wohl und brachte den Wagen auf mehr als 190 km/h.

Modell:	Triumph TR 6
Motor/Zylinder:	Reihenmotor/6
Geschwindigkeit:	max. 191 km/h
Hubraum in ccm:	2498
Leistung in PS/kW:	143/105
Bauzeit:	1969–1976

Triumph TR 7

Keilförmig und mit Klappscheinwerfern, dazu noch mit einem 2-Liter-Vierzylinder nicht allzu auffällig motorisiert: Der TR 7 schien alles Britische, wofür man Triumph-Fahrzeuge bis dahin geschätzt hatte, abstreifen zu wollen. Und er war auch der Abschied von der offenen Bauart – bis die Briten 1979 eine Cabrio-Version des TR 7 nachschoben.

Modell:	Triumph TR 7
Motor/Zylinder:	Reihenmotor/4
Geschwindigkeit:	max. 175 km/h
Hubraum in ccm:	1998
Leistung in PS/kW:	106/78
Bauzeit:	1975–1981

Triumph TR 8

Der Triumph TR 8 entsprach im Design weitgehend dem TR 7, wurde aber speziell für den US-amerikanischen Markt adaptiert – und infolgedessen statt mit dem unaufdringlichen Reihenvierzylinder mit einem V8-Motor von Rover bestückt. Wegen des zu geringen Absatzes stellte British Leyland die Fertigung schon 1981 wieder ein.

Modell:	Triumph TR 8
Motor/Zylinder:	V-Motor/8
Geschwindigkeit:	max. 217 km/h
Hubraum in ccm:	3532
Leistung in PS/kW:	157/117
Bauzeit:	1980–1981

Triumph GT 6

Auf dem Spitfire-Sportwagen basierte das Coupé Triumph GT 6. Um den eh schon nicht sehr kräftigen Spitfire-Motor mit dem schwereren Coupé nicht zu überfordern, baute man den Motor des Triumph Vitesse ein. Wegen der optischen Ähnlichkeit zum Jaguar E-Type und seines günstigen Preises bekam er den Spitznamen „Poor man's E-Type".

Modell:	Triumph GT 6
Motor/Zylinder:	Reihenmotor/6
Geschwindigkeit:	max. 170 km/h
Hubraum in ccm:	1998
Leistung in PS/kW:	96/71
Bauzeit:	1966–1973

Triumph Spitfire

Der Roadster Spitfire wurde von Triumph zum ersten Mal von Herbst 1962 bis Ende 1964 gebaut. Laufende Überarbeitungen des Modells führten schließlich zur Version Mk. IV (1070) und zum Spitfire 1500 (1974), der wegen Qualitätsmängeln vom ADAC mit der Silbernen Zitrone „geehrt" wurde.

Modell:	Triumph Spitfire 1500
Motor/Zylinder:	Reihenmotor/4
Geschwindigkeit:	max. 160 km/h
Hubraum in ccm:	1493
Leistung in PS/kW:	72/53
Bauzeit:	1974–1980

Triumph Stag

Triumph gab die Hoffnung nicht auf, auch in der Champions League der Sportwagen mitzumischen und präsentierte 1970 den Stag, ein Cabrio (gegen Aufpreis mit Hardtop), das mit seinem drei Liter großen V8 gegen den Mercedes-Benz SL anrennen sollte. Doch gerade dieser Motor, aus zwei Vierzylindern zusammengesetzt, machte die größten Schwierigkeiten.

Modell:	Triumph Stag
Motor/Zylinder:	V-Motor/8
Geschwindigkeit:	max. 185 km/h
Hubraum in ccm:	2998
Leistung in PS/kW:	147/108
Bauzeit:	1970–1977

Triumph Dolomite Sprint

Der Dolomite Sprint, die sportliche Weiterentwicklung der Mittelklasse-Limousine Sprint, kam 1973 technisch modern und flott motorisiert mit damals noch seltener Sechzehnventiltechnik (wobei alle Ventile von einer einzelnen oben liegenden Nockenwelle gesteuert wurden) auf den Markt. Dennoch wurden bis 1980 nur knapp 23.000 Einheiten verkauft.

Modell:	Triumph Dolomite Sprint
Motor/Zylinder:	Reihenmotor/4
Geschwindigkeit:	max. 185 km/h
Hubraum in ccm:	1998
Leistung in PS/kW:	129/95
Bauzeit:	1973–1980

TVR

Der britische Sportwagenhersteller TVR ist eine Gründung von Trevor Wilkinson. Die Initialen für seine 1947 gegründete Firma entnahm er seinem Vornamen. Die Firma etablierte sich in den Fünfzigerjahren fester und machte im Rennsport mit Achtungserfolgen neben den „Großen" wie Ferrari oder Jaguar auf sich aufmerksam. 1982 übernahm Peter Wheeler die Firma, die bis 2004 der letzte unabhängige Autohersteller in britischer Hand war. 2004 verkaufte Wheeler TVR an einen russischen Multimillionär. Anschließend wurde die Produktion aus Großbritannien verlagert.

TVR Vixen

Bei TVR setzte man auf geschlossene Coupés und mied den Markt der offenen Wagen. Die Vixen-Modelle lösten 1967 den Grantura ab, zunächst mit 1,8-Liter-Motoren von MG, später mit 1600er-Aggregaten von Ford. Ab Modell S 2 wurde der Radstand etwas verlängert, was für etwas mehr Platz im Innenraum sorgte.

Modell:	TVR Vixen S 3 (1972)
Motor/Zylinder:	Reihenmotor/4
Geschwindigkeit:	max. 183 km/h
Hubraum in ccm:	1599
Leistung in PS/kW:	87/64
Bauzeit:	1967–1973

TVR

TVR 3000 S

Nach langer Enthaltsamkeit in diesem Marktsegment suchte TVR mit der Cabrio-Version des 3000 M auch den Freunden des offenen Fahrens entgegenzukommen. Das Coupé wurde in einer Version mit Faltschiebedach angeboten. Später machte ein Vinyl-Faltdach das Coupé zum Roadster. Nur knapp über 250 Exemplare wurden gebaut.

Modell:	TVR 3000 S
Motor/Zylinder:	V-Motor/6
Geschwindigkeit:	max. 200 km/h
Hubraum in ccm:	2994
Leistung in PS/kW:	140/103
Bauzeit:	1978–1979

TVR 3000 M

Den Modellen Griffith, Vixen und Tuscan nachfolgend, waren die Modelle der M-Serie die letzten „klassischen" TVR-Entwicklungen. Der 3000 M war mit einem 3-Liter-V6-Aggregat von Ford ausgestattet, das die Höchstgeschwindigkeit des formschönen Coupés an die 200er-Grenze heranschob.

Modell:	TVR 3000 M
Motor/Zylinder:	V-Motor/6
Geschwindigkeit:	max. 200 km/h
Hubraum in ccm:	2994
Leistung in PS/kW:	140/103
Bauzeit:	1972–1979

TVR Tasmin S 1

Auf den überarbeiteten Rahmen der M-Serie-Modelle wurde der kantige Flachkeil der Karosserie des Tasmin S 1 gesetzt. Unter der Haube arbeitete ein 2,8-Liter-Einspritzer von Ford. Neben dem Coupé wurden zum Ende der Bauzeit auch eine Cabrio-Version und ein 2+2-Coupé angeboten.

Modell:	TVR Tasmin S 1
Motor/Zylinder:	V-Motor/6
Geschwindigkeit:	max. 209 km/h
Hubraum in ccm:	2792
Leistung in PS/kW:	162/119
Bauzeit:	1980–1981

Vauxhall

Die britische Traditionsmarke Vauxhall, die seit 1903 existiert, geht auf ein 1857 gegründetes Unternehmen für Schiffsmotoren zurück. Das Unternehmen firmierte seit 1894 als Vauxhall Iron Works. Nach dem Umzug nach Luton/Bedfordshire begann 1905 die Automobilproduktion und Vauxhall wurde zu einer Automarke, die sich eines besonders sportlichen Images erfreute: Vauxhall produzierte die richtigen Wagen für den motorisierten Ausritt der Herrenreiter. 1925 wurde Vauxhall Teil von General Motors, behielt aber seine relative Selbstständigkeit. Das änderte sich,

als GM in den Siebzigerjahren seine Fertigungs- und Vertriebskonzepte umstrukturierte. Fortan entsprachen die Vauxhalls mehr oder weniger den Opel-Modellen von GM.

Vauxhall Viva/Magnum

Als Parallelmodell zum Opel Ascona erschienen 1970 bei Vauxhall die Modelle Viva und Magnum. Ursprünglich war der Viva ein kleiner kompakter Wagen, der allmählich erwachsen wurde. Das Modell Viva HC gab es als zwei- und viertürige Limousine und als Kombi mit Heckklappe. Als Coupé kam der Firenza hinzu.

Modell:	Vauxhall Viva 2300 SL
Motor/Zylinder:	Reihenmotor/4
Geschwindigkeit:	max. 170 km/h
Hubraum in ccm:	2279
Leistung in PS/kW:	100/74
Bauzeit:	1970–1979

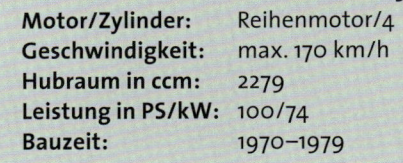

Vauxhall Ventora

Der Vauxhall Ventora wurde 1968 in die Serie FD des Vauxhall Victor (von 1957–1976 gebaut, dann als Vauxhall Series VX bis 1978 weitergebaut) eingeführt und auch in der FD-Serie gebaut. Unter der Karosserie des Victor arbeitete der Reihensechszylinder des Vauxhall Cresta.

Modell:	Vauxhall Ventora FE
Motor/Zylinder:	Reihenmotor/6
Geschwindigkeit:	max. 171 km/h
Hubraum in ccm:	3294
Leistung in PS/kW:	125/92
Bauzeit:	1972–1976

Vauxhall Firenza Droopsnoot

Der Firenza erschien als Coupé-Version der zur Mittelklasse-Limousine erstarkten Baureihe Viva/Magnum. Mit ihr sollten dem Ford Capri Marktanteile abgenommen werden. In der Version Droopsnoot bekam der Firenza ein kantig-charaktervolles Aussehen. Vom Viva GT stammte der Doppelvergasermotor.

Modell:	Vauxhall Firenza Droopsnoot
Motor/Zylinder:	Reihenmotor/4
Geschwindigkeit:	max. 195 km/h
Hubraum in ccm:	2279
Leistung in PS/kW:	132/97
Bauzeit:	1973–1975

Vauxhall

Volkswagen

Die Firma Volkswagen ist der Inbegriff der Massenmotorisierung. Als größenwahnsinnige Idee im Dritten Reich geboren, finanziert aus dem Vermögen der enteigneten Gewerkschaften und aus den Spargroschen der kleinen Leute sollte der „KdF-Wagen" die Deutschen zu einem „fahrenden Volk" machen. Der legendäre Käfer, den Ferdinand Porsche 1938 schuf, kam aber erst nach dem Zweiten Weltkrieg richtig ins Rollen. Der Name Volkswagen verlor allmählich seinen völkischen Klang – und in der meist nur gebrauchten Abkürzung „VW" allemal. Mit dem Golf schaffte es VW, die zweite Legende der Firmengeschichte zu erschaffen. VW-Fahrzeuge sind typische Deutsche: solide, technisch innovativ, verlässlich, geradlinig und ohne erkennbaren Humor. VW – das sind nicht nur Käfer und Golf, aber ohne Käfer und Golf wäre VW nichts.

Volkswagen Käfer 1200

Bis 1953 liefen die Brezelfenster-Käfer aus den Wolfsburger Hallen, danach bis 1957 die Käfer mit dem ungeteilten ovalen Rückfenster. Nach den Werksferien 1957 erschien der Käfer mit großer rechteckiger Heckscheibe und vergrößerter Frontscheibe, neuem Armaturenbrett und normalem Gaspedal statt der Gasrolle. Ab 1964 gab es auch beim Standard den stärkeren Motor mit 34 PS.

Modell:	VW 1200
Motor/Zylinder:	Boxermotor/4
Geschwindigkeit:	max. 110 km/h
Hubraum in ccm:	1194
Leistung in PS/kW:	30/22
Bauzeit:	1957–1973

Volkswagen Käfer 1300

Nach den Werksferien im August 1965 wurde der Käfer mit 1300er-Motor vorgestellt. Die Maschine war auf 40 PS erstarkt und das Modell löste die für den Export bestimmten Sondermodelle ab. Auch das Fahrwerk war überarbeitet worden. Ab 1970 wurde der Motor nochmals um 4 PS stärker.

Modell:	VW Käfer 1300
Motor/Zylinder:	Boxermotor/4
Geschwindigkeit:	max. 120 km/h
Hubraum in ccm:	1285
Leistung in PS/kW:	40/29,5
Bauzeit:	1972–1979

Volkswagen Käfer 1303

1972 überschritt der VW Käfer die Produktionszahl des Ford Modell T und wurde zum meistgebauten Auto der Geschichte. Während der 1200er- (bis 1973) und der 1300er-Käfer noch weiter produziert wurden, erschienen die neuen Modelle 1302 und 1303 mit neuer Vorderachse (mit McPherson-Federbeinen) und einer Schräglenkerhinterachse. Der 1303 wurde wegen seiner gewölbten Frontscheibe bekannt.

Modell:	Volkswagen Käfer 1303
Motor/Zylinder:	Boxermotor/4
Geschwindigkeit:	max. 125 km/h
Hubraum in ccm:	1285
Leistung in PS/kW:	44/32
Bauzeit:	1972–1975

Volkswagen

Volkswagen
Käfer Herbie

Gebaut wurde dieser besondere Käfer von dem deutschen Ingenieur Dr. Stumpfel für die amerikanischen Disney-Studios, die seit den Sechzigerjahren eine Reihe von Filmen produzierten, in denen ein überaus befähigter Käfer mit der Nummer 53 die Hauptrolle spielte. Technisch gesehen war die Basis ein Exportmodell Baujahr 1963.

Modell:	VW Käfer 1200 Export
Motor/Zylinder:	Boxermotor/4
Geschwindigkeit:	max. 120 km/h
Hubraum in ccm:	1192
Leistung in PS/kW:	34/25
Bauzeit:	1963

Volkswagen
Käfer 1200L

In Wolfsburg endete die Käferfertigung mit Produktionsaufnahme des Golf. In Emden krabbelte 1978 die letzte deutsche Käfer-Limousine vom Band. Spätere Käfer-Limousinen und diverse Sondermodelle – wie der Sunny Bug von 1984 – waren Importe, kamen überwiegend aus Mexiko, wo der Käfer weiter produziert und laufend modernisiert wurde.

Modell:	VW Käfer 1200L
Motor/Zylinder:	Boxermotor/4
Geschwindigkeit:	max. 120 km/h
Hubraum in ccm:	1192
Leistung in PS/kW:	34/25
Bauzeit:	1975–1985

Volkswagen Safari
Typ 181

Manchen mag er eine zu unangenehme Erinnerung an die Kriegsproduktion der Jahre bis 1945 gewesen sein. Der 1969 präsentierte Typ 181 wurde als Mehrzweck- und Kurierwagen zwar für militärische Anwendungen entwickelt, ging als VW Safari aber mehrheitlich an zivile Nutzer und war ein beliebtes Freizeitfahrzeug.

Modell:	VW Typ 181
	Mehrzweckwagen
Motor/Zylinder:	Boxermotor/4
Geschwindigkeit:	max. 115 km/h
Hubraum in ccm:	1493
Leistung in PS/kW:	44/32
Bauzeit:	1969–1979

Volkswagen 1600

Als VW Typ 3 wurde auf der Internationalen Automobilausstellung 1961 ein heckmotorgetriebenes Fahrzeug vorgestellt, das die Nachfolge des Käfers Typ 1 antreten sollte, eine zugegebenermaßen schwierige Aufgabe. Beliebt war das Karmann Ghia Coupé (1961–1969). Insgesamt 2,6 Millionen Einheiten wurden vom Typ 3 hergestellt.

Modell:	Volkswagen 1600 TL
Motor/Zylinder:	Boxermotor/4
Geschwindigkeit:	max. 140 km/h
Hubraum in ccm:	1584
Leistung in PS/kW:	54/40
Bauzeit:	1969–1973

Volkswagen
Käfer Cabriolet

Mögen es auch mehr als 20 Millionen Käfer insgesamt gewesen sein, die in Verkehr gebracht wurden, ein Typ war dabei, den wollten alle haben. In der letzten „Ausbaustufe" erlebte der Cabrio-Käfer zum Ende seiner Bauzeit noch einmal eine enorme Nachfrage. Diese Cabrios basierten auf den Modellen 1302 und (seit 1972) 1303.

Modell:	Volkswagen Käfer
	Cabriolet
Motor/Zylinder:	Boxermotor/4
Geschwindigkeit:	max. 132 km/h
Hubraum in ccm:	1584
Leistung in PS/kW:	50/37
Bauzeit:	1970–1980

Volkswagen 411

Der Typ 411/412 – auch als Volkswagen Typ 4 bezeichnet – war der letzte VW mit Heckmotor. Neu an der Konstruktion war die selbsttragende Karosserie. Zwei- und viertürige Limousinen sowie eine Kombiversion (Variant) wurden gebaut. Bis 1972 hieß das Modell 411, von 1972–1974 (mit überarbeiteter Frontpartie) 412.

Modell:	Volkswagen 411
Motor/Zylinder:	Boxermotor/4
Geschwindigkeit:	max. 160 km/h
Hubraum in ccm:	1795
Leistung in PS/kW:	85/63
Bauzeit:	1968–1974

Volkswagen K 70

Der K 70 war eine NSU-Entwicklung, die VW nach der Fusion mit NSU als VW K 70 auf den Markt brachte. Auf diese Weise kam Volkswagen zu seiner ersten Limousine mit Frontmotor und Frontantrieb. Eine Weiterentwicklung wurde nicht betrieben. Die Produktion des Wagens wurde im Februar 1975 als zu unrentabel nach ca. 211.000 Einheiten eingestellt.

Modell:	Volkswagen K 70
Motor/Zylinder:	Reihenmotor/4
Geschwindigkeit:	max. 148 km/h
Hubraum in ccm:	1605
Leistung in PS/kW:	75/56
Bauzeit:	1970–1975

Volkswagen Passat

Der Passat gehörte zu den langlebigsten, erfolgreichsten und beliebtesten Modellen von Volkswagen. Ursprünglich wurde er aus dem Audi 80 abgeleitet, dessen Motoren er auch verwendete. Der Ur-Passat (Typ B1) war 56 cm kürzer und 22 cm weniger breit als der aktuelle Passat (B6). Nach der Limousine wurde 1974 auch die Kombiversion „Variant" vorgestellt.

Modell:	Volkswagen Passat (B1)
Motor/Zylinder:	Reihenmotor/4
Geschwindigkeit:	max. 170 km/h
Hubraum in ccm:	1588
Leistung in PS/kW:	110/82
Bauzeit:	1973–1980

Volkswagen Polo I

Die lange erfolgreiche Modellgeschichte des VW Polo begann 1975 mit der Weiterentwicklung des Audi 50 (1978 eingestellt) in einer minimalistisch ausgestatteten Version. Nach einem Facelifting von 1979 wurde der erste Polo (Typ 86) bis Mitte 1981 gebaut. Die Stufenheckversion hieß Derby.

Modell:	Volkswagen Polo (Typ 86)
Motor/Zylinder:	Reihenmotor/4
Geschwindigkeit:	max. 152 km/h
Hubraum in ccm:	1093
Leistung in PS/kW:	60/44
Bauzeit:	1975–1981

Volkswagen Golf I

Mit dem Golf, der zweiten Legende auf Rädern aus dem Hause Volkswagen, begründete VW eine Klasse neu und setzte Standards. Als zwei- oder viertürige Schrägheckkarosserie, mit Frontantrieb und ständig erweitertem und verbessertem Motorenangebot wurde der Golf mit bislang sechs Generationen im Juni 2002 zum meistverkauften Auto Europas und verweist jetzt auf über 25 Millionen Einheiten.

Modell:	VW Golf I (Typ 17)
Motor/Zylinder:	Reihenmotor/4
Geschwindigkeit:	max. 160 km/h
Hubraum in ccm:	1471
Leistung in PS/kW:	70/52
Bauzeit:	1974–1983

Volkswagen Golf GTi I

Mehr als nur Alltagstauglichkeit durften die Fahrer des GTi-Golfs schon in der ersten Baureihe erwarten. Das nur 870 kg leichte Gefährt, das mit mehr als 110 PS schnell und spritzig war, erwarb sich schnell Freunde und wurde zum begehrten Lifestyle-Gefährt der Siebziger- und Achtzigerjahre.

Modell:	VW Golf GTi
Motor/Zylinder:	Reihenmotor/4
Geschwindigkeit:	max. 183 km/h
Hubraum in ccm:	1588
Leistung in PS/kW:	110/81
Bauzeit:	1976–1983

Volkswagen Golf Cabriolet

Nachdem sich der Golf in verschiedenen Motorisierungen so blendend platziert hatte, dachte man auch an die Frischluftfahrer. Seine stärkste Image-Konkurrenz kam aus dem eigenen Hause: das klassische Käfer-Cabrio. Wegen seines Überrollbügels und des kurzen Hecks wurde der offene Golf ironisch „Erdbeerkörbchen" genannt, doch er etablierte sich bald als Lifestyle-Fahrzeug.

Modell:	VW Golf Cabriolet
Motor/Zylinder:	Reihenmotor/4
Geschwindigkeit:	max. 172 km/h
Hubraum in ccm:	1781
Leistung in PS/kW:	98/73
Bauzeit:	1979–1992

Volkswagen Scirocco I

Auf der Plattform des Golf baute das Sportcoupé Scirocco (Typ 53) auf. Gegen den Entwurf, den Giorgetto Giugiaro bei Karmann realisierte, gab es seitens VW erst starke Vorbehalte. Dann aber nahm VW das kantige Coupé, das sich vom wohlgerundeten Karmann Ghia deutlich unterschied, als Scirocco in sein Programm auf.

Modell:	VW Scirocco I
Motor/Zylinder:	Reihenmotor/4
Geschwindigkeit:	max. 166 km/h
Hubraum in ccm:	1471
Leistung in PS/kW:	85/63
Bauzeit:	1974–1980

Volkswagen Scirocco II

Auch der Scirocco II (Typ 53B) basierte auf der Plattform des Golf I. Die Karosserie wurde strömungsgünstiger gestaltet; so erreichte der Scirocco II bei gleichen Motorleistungen höhere Geschwindigkeiten. Auch im Inneren war dank der gewölbten Karosserieform mehr Ellenbogenfreiheit und dank der 16,5 cm mehr Länge (bei gleichem Radstand) mehr Stauraum.

Modell:	VW Scirocco II
Motor/Zylinder:	Reihenmotor/4
Geschwindigkeit:	max. 180 km/h
Hubraum in ccm:	1781
Leistung in PS/kW:	90/66
Bauzeit:	1981–1992

Volkswagen Karmann Ghia

Als gestalterischen Höhepunkt des Volkswagens Typ 1 kann man das Karman-Ghia-Coupé auffassen, das zwischen 1955 und 1974 entstand. Technisch entsprach es weitgehend den Export-Ausführungen des Käfers, auch die Motoren (von 1,1-Liter- bis 1,6-Liter-Maschinen) waren identisch. Ab 1957 wurde auch ein Cabriolet angeboten.

Modell:	Volkswagen (Typ 14) Karmann Ghia
Motor/Zylinder:	Boxermotor/4
Geschwindigkeit:	max. 137 km/h
Hubraum in ccm:	1493
Leistung in PS/kW:	45/33
Bauzeit:	1955–1974

Volvo

Die Firma Volvo (lat. = ich rolle) war schon 1915 von der schwedischen Kugellagerfabrik SKF begründet, aber seit 1919 nicht mehr verwendet worden. 1926 übertrug man den Namen auf die gerade beginnende Automobilproduktion. Bis ca. 1950 entwickelte Volvo zahlreiche Autotypen, die meist in wenigen Tausend Einheiten für den schwedischen Binnenmarkt gebaut wurden. Dann kam der internationale Durchbruch mit dem PV 444, genannt „Buckelvolvo", und seinem Nachfolger PF 544. Volvos hatten den Ruf, besonders sichere Fahrzeuge zu sein. In der Tat fei-

erten der Dreipunktgurt und die Kopfstütze ihre Premiere in einem Serienwagen bei Volvo. Die PKW-Sparte von Volvo wurde 1999 an Ford verkauft und im Jahr 2010 an den chinesischen Automobilhersteller Geely weiterverkauft.

Volvo P 1800

Das Volvo-Coupé P 1800 wurde bis 1968 mit 1,8-Liter-Motor ausgeliefert, danach mit 2-Liter-Motor. Die ersten Einheiten wurden bei Jensen in England montiert; wegen der Qualitätsmängel wurde die Produktion 1963 nach Schweden geholt und die Wagen hießen P 1800 S (für Sverige). Insgesamt entstanden knapp 40.000 Coupés.

Modell:	Volvo P 1800 S
Motor/Zylinder:	Reihenmotor/4
Geschwindigkeit:	max. 175 km/h
Hubraum in ccm:	1780
Leistung in PS/kW:	96/71
Bauzeit:	1963–1969

Volvo P 1800 ES

Die Neugestaltung des 1800er-Coupés wurde als „Schneewittchensarg" bekannt. Aus dem Coupé wurde ein flotter Kombi mit viel Glas. Technisch unterschied er sich nur marginal vom Coupé. Das Shooting-Break-Design sollte besonders auf dem US-amerikanischen Markt beeindrucken. Nur etwa 8000 Einheiten wurden von diesem Kombi-Coupé gebaut.

Modell:	Volvo P 1800 ES
Motor/Zylinder:	Reihenmotor/4
Geschwindigkeit:	max. 180 km/h
Hubraum in ccm:	1986
Leistung in PS/kW:	120/88
Bauzeit:	1971–1973

Volvo 145

Die Baureihe 140 war eine Mittelklasse-Limousine von Volvo, die seit 1966 entstand. Die zweite Ziffer der Modellnummer gab die Zylinderzahl an, die dritte die Zahl der Türen. Es entstanden zwei- (142) und viertürige (144) Limousinen und fünftürige Kombis (145). Mit dieser Baureihe wurden Sicherheit und Komfort als Markentugenden in den Vordergrund geschoben. Mit Erfolg.

Modell:	Volvo 145
Motor/Zylinder:	Reihenmotor/4
Geschwindigkeit:	max. 145 km/h
Hubraum in ccm:	1780
Leistung in PS/kW:	85/63
Bauzeit:	1966–1974

Volvo 164

Mit dem Sechszylindermodell 164 stieß Volvo in die Oberklasse vor. Nicht Sportlichkeit, sondern Komfort, Zuverlässigkeit und Sicherheit standen im Vordergrund. Die Frontpartie war komplett neu gestaltet worden. Die anfangs nicht ganz befriedigenden Motorleistungen wurden im Laufe der Bauzeit verbessert.

Modell:	Volvo 164
Motor/Zylinder:	Reihenmotor/6
Geschwindigkeit:	max. 177 km/h
Hubraum in ccm:	2978
Leistung in PS/kW:	145/108
Bauzeit:	1968–1975

Volvo 262

1974 erschien die Baureihe 240/260. Die 240er-Volvos bekamen Vierzylindermotoren, die 260er waren mit Sechszylindern motorisiert. Das zweitürige Sechszylindercoupé war von Bertone geschneidert worden. Er sollte das Kunststück fertigbringen, aus der schrankwandartigen 264er-Limousine ein schnittiges Coupé zu formen. Das war selbst für Nuccio Bertone zu viel.

Modell:	Volvo 262 C
Motor/Zylinder:	Reihenmotor/6
Geschwindigkeit:	max. 185 km/h
Hubraum in ccm:	2664
Leistung in PS/kW:	140/104
Bauzeit:	1977–1981

Volvo

Volvo 66

Als Volvo den niederländischen Autohersteller DAF übernahm, kam auch der DAF 66 ins Volvo-Sortiment und wurde dort mit neuer Frontblende und mit den typischen Volvo-Stoßfängern als Volvo 66 weitergebaut und vertrieben. Im Volvo 66 arbeiteten Renaultmotoren mit dem stufenlosen DAF-Getriebe Variomatik.

Modell:	Volvo 66
Motor/Zylinder:	Reihenmotor/4
Geschwindigkeit:	max. 145 km/h
Hubraum in ccm:	1289
Leistung in PS/kW:	57/42
Bauzeit:	1975–1980

Volvo 780

Erneut versuchte sich Nuccio Bertone an einer Volvo-Limousine: Aus dem großen 760er-Volvo wurde ein Coupé geschneidert, das 1985 vorgestellt wurde und das Coupé 262C ablösen sollte. Der V6-Motor leistete nicht das, was man sich in dieser Klasse erwartete, und so wurde dieses Coupé in vielen Märkten, unter anderem in Deutschland, gar nicht erst eingeführt.

Modell:	Volvo 780
Motor/Zylinder:	V-Motor/6
Geschwindigkeit:	max. 181 km/h
Hubraum in ccm:	2849
Leistung in PS/kW:	147/108
Bauzeit:	1985–1990

Volvo 264 GLE

In der Ausführung GLE (Grand Luxe Executive) wurden die Fahrzeuge der Baureihen 240 (1979–1983) und 260 (bei dieser Reihe ab Modelljahr 1977 bis zur Produktionseinstellung) als höchste Ausstattungslinie ausgeliefert. Klimaanlage und Metalliclackierung waren serienmäßig.

Modell:	Volvo 264 GLE
Motor/Zylinder:	V-Motor/6
Geschwindigkeit:	max. 175 km/h
Hubraum in ccm:	2664
Leistung in PS/kW:	148/110
Bauzeit:	1977–1982

VW-Porsche

Der VW-Porsche genannte Porsche 914 entstand in einer Kooperation zwischen Volkswagen und Porsche. Zwischen beiden Unternehmen gibt es langjährige familiäre Beziehungen. Ferdinand Porsche schuf einst mit dem Entwurf des Käfer die Grundlage für die PKW-Massenproduktion bei Volkswagen. Und die Tantiemen ermöglichten den Aufbau des Familienunternehmens Porsche, das nicht nur zu einem der erfolgreichsten Sportwagenhersteller der Welt wuchs, sondern in letzter Zeit seine Anteile an der Volkswagen AG zu einer Sperrminorität ausweiten konnte, die im Fall der Fälle eine feindliche Übernahme von VW durch einen Dritten verhindern sollte. Die gedeihliche Zusammenarbeit zwischen Porsche und VW (wie zum Beispiel beim Porsche Cayenne) sollte dauerhaft gesichert bleiben.

VW-Porsche 914

Die meisten Einheiten des Porsche 914 wurden bei Karmann als „VW-Porsche 914" hergestellt. Diese Fahrzeuge (Typ 914/4) waren mit 1,7-Liter-Boxermotoren mit 80 PS Leistung ausgestattet. Daneben ließ Porsche das Modell „Porsche 914" (Typ 914/6) mit einem 2-Liter-Sechszylinder-Boxer in Stuttgart bauen. Für die Vermarktung wurde eine gemeinsame VW-Porsche Vertriebs GmbH gegründet.

Modell:	VW-Porsche 914/6
Motor/Zylinder:	Boxermotor/6
Geschwindigkeit:	max. 201 km/h
Hubraum in ccm:	1991
Leistung in PS/kW:	110/82
Bauzeit:	1969–1976

Register

Alfa Romeo 16
Alfa Romeo (Alfetta) GTV 6
  2.5 21
Alfa Romeo 2000 Spider Veloce
  18
Alfa Romeo Alfa 90 21
Alfa Romeo Alfasud 20
Alfa Romeo Alfasud Sprint 20
Alfa Romeo Alfetta 21
Alfa Romeo Giulia Super 17
Alfa Romeo Giulia Sprint GT 16
Alfa Romeo GT 1300 Junior
  Coupé 17
Alfa Romeo Junior 1300 Zagato 19
Alfa Romeo Montreal 19
Alfa Romeo Spider
  („Gummilippe") 18
Alpine 22
Alpine A 110 22
Alpine A 310 23
Alpine A 310 V 6 23
AMC 24
AMC Pacer 24
Aston Martin 25
Aston Martin DB 6 25
Aston Martin DBS 26
Aston Martin Lagonda 27
Aston Martin V 8 26
Aston Martin V 8 Volante 27
Audi 28
Audi 100 C 1 Limousine 29
Audi 100 C 2 30
Audi 100 Coupé S 30
Audi 200 5 T 31
Audi 50 28
Audi 80 29
Audi Coupé 32
Audi Quattro 32
Audi V8 Quattro 31
Austin 33
Austin 1100/1300 33
Austin 1800 34
Austin 3-litre 34
Austin Healey Sprite Mark IV 35
Austin Princess 1800 HL/
  2200 HL 35
Autobianchi 36
Autobianchi A112 36
Autobianchi Bianchina 37
Bentley 38
Bentley Mulsanne 38
Bentley T Corniche 39
Bentley Turbo R 39
Bitter 40
Bitter CD 40
Bitter SC 40
BMW 41
BMW 528i/530i/M 535i 48
BMW 518/520/528i/525 48
BMW 518/518i/520i/520e/525d/
  525td/525i 49
BMW 528i/535i/M5 49
BMW 1502/1600-2/1602/
  1802/2002 43

BMW 1600/1800/2000/
  2000 tti touring 45
BMW 1600-2/2002 Cabriolet
  44
BMW 2.8 L/3.0 L/3.3 L 43
BMW 2002 Baur Cabriolet 44
BMW 2002 turbo 45
BMW 2500/2800 42
BMW 3.0 CSL 41
BMW 3.0 S/3.0 Si 42
BMW 315/316/318/318i/320 46
BMW 323i 47
BMW 628 CSi/630 CS/633 Csi
  50
BMW 635 CSi/M 635 50
BMW 728/728i/730 51
BMW 732i/735i/745i 51
BMW Baur Topcabriolets 46
BMW M1 52
BMW Z1 52
Bond 53
Bond Bug 53
Cadillac 54
Cadillac deVille 55
Cadillac Eldorado 55
Cadillac Fleetwood 55
Cadillac Seville 54
Chevrolet 56
Chevrolet Camaro 58
Chevrolet Camaro IROC Z 59
Chevrolet Camaro Z 28 59
Chevrolet Caprice 58
Chevrolet Corvette (1978–1982)
  57
Chevrolet Corvette Stingray
  (1968–1974) 56
Chevrolet Impala 57
Citroën 60
Citroën 2 CV 60
Citroën 2 CV AK400 62
Citroën 2 CV Charleston-Ente
  61
Citroën 2 CV/3 CV (AZAM6) 61
Citroën 6 Méhari 64
Citroën Ami 6 62
Citroën Ami 8 63
Citroën CX 65
Citroën CX GTi Turbo 66
Citroën CX Break 66
Citroën Dyane 6 63
Citroën GS 65
Citroën SM 64
Dacia 67
Dacia 1300/1310 67
DAF 68
DAF 33 68
DAF 44 69
DAF 55 Limousine 69
DAF 55 Marathon 70
DAF 66 Marathon 70
Daimler (GB) 71
Daimler DS 420 71
Daimler Souverein/Double
  Six 71

Datsun 72
Datsun 240 72
Datsun 260 73
Datsun 280 73
De Tomaso 74
De Tomaso Longchamp 75
De Tomaso Mangusta 75
De Tomaso Pantera 74
DeLorean 76
DeLorean DMC-12 76
Ferrari 77
Ferrari 308/328 80
Ferrari 365 GT/4 2+2 78
Ferrari 365 GTB/4 „Daytona" 77
Ferrari 365 GTC/4 78
Ferrari Dino 206 GT/246 GT 79
Ferrari Dino 308 GT/4 79
Ferrari Mondial T 81
Ferrari Testarossa 81
FIAT 82
FIAT 124 85
FIAT 124 Coupé 86
FIAT 124 Spider 85
FIAT 127 89
FIAT 128 Coupé 87
FIAT 130 Coupé 88
FIAT 2300 Coupé/2300 S Coupé
  84
FIAT 500 Nuova 82
FIAT 600 83
FIAT 850 83
FIAT 850 Coupé 83
FIAT 850 Spider 84
FIAT Dino 2.4 Coupé 87
FIAT Dino 2.4 Spider 86
FIAT Panda 90
FIAT Ritmo 105 TC 90
FIAT Ritmo Cabrio 89
FIAT X 1/9 88
Ford 91
Ford Capri I 93
Ford Capri II 93
Ford Capri III 94
Ford Consul 95
Ford Escort I 91
Ford Escort RS 2000 (Serie I) 92
Ford Escort/Escort RS 2000
  (Serie II) 92
Ford Fiesta (Serie I) 96
Ford Granada (Serie I) 96
Ford Granada (Serie II) 96
Ford Taunus (Serie II) 95
Ford Taunus (TC) 94
Ford (USA) 97
Ford Mustang 97
Ford Mustang (Serie II) 98
Ford Mustang (Serie III) 98
GAZ 99
GAZ 13 Tschaika 101
GAZ 14 Tschaika 101
GAZ M21 Wolga 99
GAZ M24 Wolga 100
GAZ M31 Wolga 100
Honda 102

Honda (Civic) CRX 1.6i-16 103
Honda Accord 102
Honda Prelude 103
IFA 104
Trabant 601 105
Trabant 601 Universal 105
Wartburg 353 104
Innocenti 106
Innocenti Mini De Tomaso 107
Intermeccanica 106
Intermeccanica Indra 107
Iso Rivolta 108
Iso Fidia 109
Iso Grifo 108
Iso Lele 109
Jaguar 110
Jaguar E-Typ V12 (Serie III) 110
Jaguar Mk X/420 G 111
Jaguar XJ 12 5.3 112
Jaguar XJ 6 2.8/XJ 6 4.2
  (Serie 1) 111
Jaguar XJ 6 C/XJ 12 C 112
Jaguar XJ-S 113
Jaguar XJ-S 3.6 113
Jensen 114
Jensen Interceptor 114
Jensen Interceptor Mk. III 115
Jensen-Healey/Healey GT 115
Lada 116
Lada 2101 116
Lada 2106 117
Lada Niva 117
Lamborghini 118
Lamborghini Countach 120
Lamborghini Diabolo 121
Lamborghini Espada 119
Lamborghini Jalpa/Silhouette
  121
Lamborghini Jarama 119
Lamborghini Miura 118
Lamborghini Uracco 120
Lancia 122
Lancia Beta 124
Lancia Beta Montecarlo 125
Lancia Delta HF Integrale 126
Lancia Flavia Berlina 124
Lancia Fulvia Berlina 122
Lancia Fulvia Coupé 123
Lancia Fulvia Sport 123
Lancia Gamma 126
Lancia Stratos 125
Lancia Trevi 126
Lotus 127
Lotus Elan 127
Lotus Elan +2 128
Lotus Elite 129
Lotus Esprit S 1 130
Lotus Esprit Turbo 130
Lotus Europa 128
Lotus Super Seven (Series 4) 129

Maserati 131
Maserati Biturbo 134
Maserati Biturbo Spyder 134
Maserati Bora 132
Maserati Ghibli 131
Maserati Khamsin 133
Maserati Kyalami 133
Maserati Merak 132
Maserati Quattroporte 134
Matra 135
Matra Bagheera 136
Matra M530 135
Matra Murena 136
Mazda 137
Mazda 323 138
Mazda 626 139
Mazda 929 139
Mazda RX-5 138
Mazda RX-7 137
Melkus 140
Melkus RS 1000 140
Mercedes-Benz 141
MB 190 E (W201) 147
MB 200 D (W114/W115) 143
MB 240 D (W123) 145
MB 250 C (W114) 144
MB 280 (W114) 144
MB 280 E (W123) 145
MB 280 SE (W108/W109) 147
MB 280 SE 3.5 (W108/W109) 148
MB 280 SL (W113) 141
MB 280 SLC (C107) 143
MB 300 CD (W123) 146
MB 300 SEL 3.5 (W108/W109) 148
MB 300 TD (W123) 146
MB 420 SL (R107) 142
MB 450 SEL (W116) 149
MB 450 SL (R107) 142
MB 600 Pullman (W100) 149
Mercury 150
Mercury Cougar (1977) 151
Mercury Cougar (1983) 151
Mercury Cougar II (1973) 150
MG 152
MG B GT 152
MG C/C GT 153
MG Metro 153
MG Montego 153
Mini 154
Mini 1275 GT 155
Mini 850 154
Mini Clubman 155
Mitsubishi 156
Mitsubishi Starion 156
Monteverdi 157
Monteverdi Berlinetta 375 L Hemi 157
Monteverdi Sierra 157
Morgan 158
Morgan Plus 8 158
Moskwitsch 159
Moskwitsch 408/412 159

Moskwitsch 21251 160
Moskwitsch 2140 160
NSU 161
NSU Prinz 4 161
NSU Prinz 1000 162
NSU 1000 TTS 163
NSU 1000 162
NSU 1200 162
NSU Ro 80 163
Opel 164
Opel Ascona A 169
Opel Ascona B 170
Opel Commodore B 165
Opel Diplomat B 168
Opel GT 1900 171
Opel Kadett B 166
Opel Kadett B LS 1100 166
Opel Kadett C 167
Opel Kadett C Coupé 167
Opel Manta A 170
Opel Manta B 171
Opel Monza 168
Opel Rekord D 165
Opel Rekord E1 164
Opel Senator A 169
Panther 172
Panther J 72 172
Panther Kallista 173
Panther Lima 173
Peugeot 174
Peugeot 204 174
Peugeot 304 175
Peugeot 304 Cabriolet 176
Peugeot 404 175
Peugeot 504 176
Peugeot 504 Cabriolet 177
Peugeot 604 177
Plymouth 178
Plymouth Barracuda 178
Pontiac 179
Pontiac Firebird Formula 400 180
Pontiac Firebird Trans Am 179
Pontiac Firebird Trans Am (1977) 180
Pontiac Firebird Formula (1987) 180
Porsche 181
Porsche 911 Carrera (G und I) 183
Porsche 911 Carrera Cabrio 184
Porsche 911 Carrera RS 182
Porsche 911 E (1970) 181
Porsche 911 E 182
Porsche 911 Turbo 183
Porsche 924 185
Porsche 924 Carrera 185
Porsche 928 186
Porsche 930 Turbo 3.3 184
Porsche 959 186
Reliant 187
Reliant Scimitar GTC 187
Reliant Scimitar GTE 187
Renault 188

Renault 10 190
Renault 12 191
Renault 14 192
Renault 15 192
Renault 16 193
Renault 18 193
Renault 30 194
Renault 4 (1975) 188
Renault 4 (1983) 189
Renault 5 Turbo 189
Renault 6 190
Renault 8 191
Renault Fuego 194
Rolls-Royce 195
Rolls-Royce Camargue 196
Rolls-Royce Corniche 196
Rolls-Royce Silver Shadow 195
Rover 197
Rover 2200 197
Rover 2600/3500 198
Rover 3500 Vitesse 198
Rover 3.5 Litre 198
Saab 199
Saab 900 Cabriolet 200
Saab 900 Turbo 201
Saab 95/96 199
Saab 99 Turbo 200
Saab Sonett III 201
Saporoschez 202
SAS 968 Saporoschez 202
Simca 203
Simca 1100 204
Simca 1301 204
Simca 1307 204
Simca Rallye 2 203
Skoda 205
S 100 205
S 105/S 120 206
S 110 R 206
S 130 RS 207
Skoda Favorit 207
Steyr-Puch 208
Steyr-Puch 650 208
Sunbeam 209
Sunbeam (New Rapier) 209
Talbot 210
Talbot Samba Cabrio 211
Talbot Sunbeam Lotus 211
Talbot Tagora 210
Tatra 212
Tatra 603 212
Tatra 613 212
Toyota 213
Toyota 2000GT 214
Toyota Carina 215
Toyota Celica 213
Toyota Corolla 1200 215
Toyota Corona 2000 216
Toyota Corona II 214
Toyota Cressida 216
Toyota Crown 216
Triumph 217
Triumph Dolomite Sprint 219
Triumph GT 6 218

Triumph Spitfire 218
Triumph Stag 219
Triumph TR 6 217
Triumph TR 7 217
Triumph TR 8 218
TVR 220
TVR Vixen 220
TVR 3000 S 221
TVR 3000 M 221
TVR Tasmin S 1 221
Vauxhall 222
Vauxhall Firenza Droopsnoot 223
Vauxhall Ventora 223
Vauxhall Viva/Magnum 222
Volkswagen 224
VW 1600 227
VW 411 228
VW Golf Cabriolet 231
VW Golf GTi I 230
VW Golf I 230
VW K 70 228
VW Käfer 1200 224
VW Käfer 1200 Export (Herbie) 226
VW Käfer 1200L 226
VW Käfer 1300 225
VW Käfer 1303 225
VW Käfer Cabriolet 227
VW Karmann Ghia 232
VW Passat 229
VW Polo I 229
VW Safari (Typ 181) 227
VW Scirocco I 231
VW Scirocco II 232
Volvo 233
Volvo 145 234
Volvo 164 235
Volvo 262 235
Volvo 264 GLE 236
Volvo 66 236
Volvo 780 236
Volvo P 1800 233
Volvo P 1800 ES 234
VW-Porsche 237
VW-Porsche 914 237